福建省100种重要外来入侵物种图谱

傅建炜　史梦竹　主编

中国农业出版社
北　京

图书在版编目（CIP）数据

福建省100种重要外来入侵物种图谱 / 傅建炜，史梦竹主编. -- 北京 ：中国农业出版社，2024. 9. -- ISBN 978-7-109-32407-7

Ⅰ. Q16-64

中国国家版本馆CIP数据核字第202427KC75号

中国农业出版社出版

地址：北京市朝阳区麦子店街18号楼

邮编：100125

责任编辑：杨彦君　阎莎莎

版式设计：杨　婧　　责任校对：吴丽婷　　责任印制：王　宏

印刷：中农印务有限公司

版次：2024年9月第1版

印次：2024年9月北京第1次印刷

发行：新华书店北京发行所

开本：880mm × 1230mm　1/32

印张：4.5

字数：120千字

定价：49.00元

主　　编：傅建炜 史梦竹

副 主 编：李建宇 郭燕青 吴梅香

参编人员（按姓氏音序排列）：

艾洪木　陈　军　池丽霞　黄蓬英

邱良妙　邱思鑫　吴佳教　姚凤銮

郑丽祯　邹华娇

序

外来入侵生物已对国家生物安全、生态安全构成严重威胁，对农业生产和经济发展造成重大损失。党中央、国务院高度重视外来入侵物种防控工作，于2021年4月正式施行《中华人民共和国生物安全法》，作为生物安全领域基础性、系统性、综合性、纲领性的重要法律，对于提升国家生物安全治理能力具有非常重要的意义。

福建省地处中国东南沿海，与世界各地交流及贸易频繁，据不完全统计，入侵福建省的危险性农业有害生物超过300种，其中造成较大危害的有30多种，成为福建省农业生产的重大威胁。针对福建省外来入侵生物形势严峻的问题，本书编写团队前期开展了大量调查和科学研究，在参与完成国家公益性行业科研专项“入境台湾果蔬危险性有害生物防控新技术研究与示范（200903034）”（2009—2014年）、国家重点研发计划项目“华东地区农田生态系统入侵生物本底调查与动态分布（2016YFC1202101）”（2016—2018年）、福建省农业科技重大专项“重大外来入侵生物绿色防控综合技术研究与示范（2017NZ0003）”

(2017—2020年)等多项国家和省部级科研项目的过程中，基本摸清了福建省外来入侵物种的种类、发生与分布情况，为福建省乃至全国开展农业外来入侵物种普查、全面掌握外来入侵物种情况提供了重要的科学依据。

本书重点对福建省100种重要外来入侵物种(包含植物、节肢动物、软体动物和龟类、微生物等)的形态特征、福建分布、中国及全球分布、起源及预防、控制和管理措施进行了较为详细的描述和记载，并提供了入侵植物51科253种、入侵节肢动物和软体动物22科39种、入侵微生物30种的名录清单，可为相关科研院所、政府管理部门、生产企业和社会公众认识及了解福建外来入侵物种的种类，推动福建生物安全工作的科学普及，以及为福建外来有害生物的监测预警与科学防控提供科学参考，具有重要的科学意义。

万方浩

2021年12月18日

前言

外来入侵生物对农业、林业的潜在危害已经受到各级农林管理部门和科研院所科技人员的高度关注。特别是外来物种入侵后在本地成功定殖，由于天敌的缺失，入侵生物种群快速繁衍，给农业、林业以及生态环境、生物多样性造成严重冲击，有的物种甚至造成重大经济和生态损失。

为了更加方便福建省科研院所、政府部门等相关单位的技术人员了解和查询进入21世纪后入侵福建的生物种类情况，我们根据近15年来开展的调查结果，组织编写了《福建省100种重要外来入侵物种图谱》一书。本书共分为4部分。第一部分介绍70种入侵植物种类；第二部分介绍22种入侵节肢动物、软体动物和龟类；第三部分介绍8种入侵植物病原物；第四部分为根据文献和调查总结的福建省外来入侵物种名录，共记录了322个种类，其中包含入侵植物51科253种、入侵节肢动物和软体动物 22 科 39种、入侵微生物30种。

本书在对具体的物种进行描述时，提供了图片、英文名称、拉丁学名、形态特征、福建分布概况、起源、全球分布情况以及防控措施等，以期为参考本书的技术人员在开展外来入侵物种调查、识别和研究过程中有所帮助。

本书由福建省农业科学院、福建农林大学、福建省农业农村厅和厦门海关技术中心等单位多年从事外来入侵物种研究的专家和学者共同完成。由于调查过程尚未完全覆盖全省，仅根据网格化结合行政区属的代表性地点调查统计。作者经验和水平有限，书中难免存在疏漏和错误之处，欢迎广大读者提出宝贵意见。

本书是国家公益性行业科研专项“入境台湾果蔬危险性有害生物防控新技术研究与示范（200903034）”、国家重点研发计划项目“华东地区农田生态系统入侵生物本底调查与动态分布（2016YFC1202101）”及福建省农业科技重大专项“重大外来入侵生物绿色防控综合技术研究与示范（2017NZ0003）”等项目部分研究成果的整理总结，并在各项目的资助下出版。

编　者

2022年12月20日

目录

一、入侵植物

（一）菊科

1.小蓬草［*Erigeron canadensis*（L.）Cronq.］

分类地位：菊科（Compositae）飞蓬属（*Erigeron*）

英文名称：canadian fleabane、horse-weed

中文别名：加拿大飞蓬、小飞蓬、小白酒

形态特征：一年生直立草本，株高1m左右。叶形变化大，下部叶片呈倒披针形，中部及上部的叶片呈线形，表面或边缘有类似于睫毛的硬缘毛。小蓬草具有菊科典型的头状花序，每个花序的直径约为3mm，多个头状花序又构成大而多分枝的圆锥花序。头状花序是雌全同株，边花多数为雌花呈白色，中央为两性花呈浅黄色。果实为瘦果，体型小，长度只有1.2～1.5mm，在其顶部有一层灰白色的冠毛。

小蓬草植株

福建分布：全省各县市区均广泛分布。

中国及全球分布：分布于中国南北方大部分地区，尤其在野外、路边、房屋周围、老旧墙垣等地分布较多。广泛分布于全球各地。

起源：北美洲。

预防、控制和管理措施：①加强检疫，及时对裸地进行绿化，防止该草入侵。②可使用草铵膦、草甘膦、氯氟吡氧乙酸等化学药剂进行防除。

小蓬草叶片

2.春飞蓬（*Erigeron philadelphicus* L.）

分类地位：菊科（Compositae）飞蓬属（*Erigeron*）

英文名称：philadephia fleabane

中文别名：春一年蓬、费城飞蓬、费城小蓬草

形态特征：一年生直立粗壮草本，植株的表面长有硬毛。叶的形态多种多样，基生叶呈莲座状排列，叶柄的基部向下延伸，形成有翅的长柄，通常带有紫红色；茎秆上的叶片互生，半抱茎；中上部叶片呈披针形或条形。数枚直径为1.0 ~ 1.5cm的头状花序排成伞房花序或圆锥花序，头状花序为雌全同株，边花为两层白色略带粉红色的舌状花，均为雌花；中央为黄色的两性管状花。

福建分布：全省各县市区均广泛分布。

中国及全球分布：在中国山东、安徽、江苏、浙江、湖南、江西、福建等地均有发生。在加拿大、美国、日本、韩国、毛里求斯、英国、法国、比利时、瑞士、意大利、德国等地也广泛分布。

起源：北美洲。

预防、控制和管理措施：①对野外种群应及时进行人工拔除。②使用草甘膦、氯氟吡氧乙酸等化学药剂进行防除。

春飞蓬植株

春飞蓬花序

春飞蓬花

3.苏门白酒草（*Erigeron sumatrensis* Retz.）

分类地位：菊科（Compositae）飞蓬属（*Erigeron*）

英文名称：tall fleabane

形态特征：一年生或二年生草本植物，具纤维状根。茎粗壮，直立，高可达150cm。叶密集，基部叶花期凋落，叶片狭披针形或近线形。头状花序多数，总苞卵状或短圆柱状，雌花多层，花冠管部细长，两性花花冠淡黄色。瘦果线状披针形，5—10月开花结果。

福建分布：全省各县市区均广泛分布。

中国及全球分布：在中国云南、贵州、广西、广东、江西、福建、台湾等地均有分布。在全球热带和亚热带地区广泛分布。

起源：南美洲。

预防、控制和管理措施：①人工拔除。②使用草甘膦、莠去津、氯氟吡氧乙酸、2甲4氯钠等化学药剂进行防除。

苏门白酒草植株

苏门白酒草花序

4.藿香蓟（*Ageratum conyzoides* L.）

分类地位：菊科（Compositae）藿香蓟属（*Ageratum*）

英文名称：tropic ageratum

中文别名：一枝香、胜红蓟

形态特征：一年生草本，植株表面有短柔毛或上部有稠密的长茸毛。卵形的叶对生，叶片的基部为钝形或宽楔形。头状花序在茎顶部通常形成1个紧密的伞房状花序，总苞长圆形。花冠为白色（胜白蓟）、淡红紫色（胜红蓟）或淡蓝紫色（胜蓝蓟）。瘦果黑褐色，有5个棱角。

福建分布：全省各县市区均广泛分布。

中国及全球分布：在中国广西、云南、广东、贵州、四川、西藏、江西、浙江、福建、台湾、河北等地均有分布。广泛分布于全球热带和亚热带地区。

起源：中美洲和南美洲。

预防、控制和管理措施：①人工拔除。②使用氯氟吡氧乙酸、草甘膦、2甲4氯等化学药剂进行防除。

藿香蓟植株

藿香蓟花序

藿香蓟叶片

5. 钻叶紫菀 [*Symphyotrichum subulatus*（Michx.）G.L.Nesom]

分类地位：菊科（Compositae）联毛紫菀属（*Symphyotrichum*）

英文名称：all-grass of annual saltmarsh aster

中文别名：窄叶紫菀、剪刀菜、九龙箭、土柴胡

形态特征：多年生草本植物，在茎的基部有淡淡的红色。披针形的叶互生，无叶柄，离枝梢越近，叶片越细。头状花序在顶端排列成圆锥形，头状花序的边花为细狭小、红色的舌状花，中间有白色的管状花。

福建分布：全省各县市区均广泛分布。

中国及全球分布：中国中部、东部、南部至西南等地区均有分布。广泛分布于全球温带地区。

起源：北美洲。

预防、控制和管理措施：加强检疫，可使用氯氟吡氧乙酸、2甲4氯等化学药剂进行防除。

钻叶紫菀

钻叶紫菀植株

6.野茼蒿［*Crassocephalum crepidioides*（Benth.）S. Moore］

分类地位：菊科（Compositae）野茼蒿属（*Crassocephalum*）

英文名称：hawksbeard、velveplant、dandion

中文别名：革命菜、野塘蒿、野地黄菊

形态特征：直立草本植物，植株揉碎后有独特的味道。卵形叶片的边缘有不规则的锯齿或重锯齿。多个头状花序在茎末端形成伞房状花序，所有的小花都是两性的管状花，花冠呈深棕褐色或橙红色，果实顶部有一层类似绢毛状的白色冠毛，容易脱落。

福建分布：全省各县市区均广泛分布。

中国及全球分布：在中国江西、福建、湖南、湖北、广东、广西、贵州、云南、四川、西藏等地广泛分布，尤其在山坡路旁、水边、灌丛中常见，垂直分布在海拔300 ～ 1 800m范围内。东南亚和非洲也有分布，是一种在泛热带地区广泛分布的杂草。

起源：非洲热带地区。

预防、控制和管理措施：①加强农田科学水肥管理，合理施用氮、磷、钾肥，促进作物生长，抑制杂草生长。②及时人工铲除杂草。③使用乙羧氟草醚、草甘膦等化学药剂进行防除。

野茼蒿植株

野茼蒿花序

野茼蒿瘦果

7.鬼针草（*Bidens pilosa* L.）

分类地位：菊科（Compositae）鬼针草属（*Bidens*）

英文名称：sticktight

中文别名：三叶鬼针草、虾钳草、盲肠草

形态特征：一年生草本植物，鬼针草的茎秆为钝四棱形。叶片通常是三出的羽状复叶，少数有5～7个小叶。头状花序有或无舌状花，盘花呈筒状。黑色的瘦果略扁，有棱角，顶端有3～4枚芒刺，芒刺上有倒刺毛。

福建分布：全省各县市区均广泛分布。

中国及全球分布：在中国华东、华中、华南、西南各地区均有分布，生于村旁、路边及荒地中。广泛分布于亚洲和美洲的热带及亚热带地区。

起源：美洲热带地区。

预防、控制和管理措施：①通过合理轮作或覆盖地膜，抑制和减轻杂草危害。②农田和果园适时中耕除草2～3次。③可用扑草净、敌草隆等除草剂进行化学防除。

鬼针草植株

鬼针草花序

鬼针草瘦果

鬼针草叶片

8.白花鬼针草 [*Bidens alba*（L.）DC.]

分类地位：菊科（Compositae）鬼针草属（*Bidens*）

英文名称：romerillo

中文别名：金杯银盏、金盏银盆、盲肠草

形态特征：一年生直立草本，茎钝四棱形，无毛或上部被极稀的柔毛。小叶为一回羽状复叶，两侧小叶椭圆形或卵状椭圆形，边缘有锯齿；顶生小叶长椭圆形或卵状长圆形，边缘有锯齿。头状花序边缘具舌状花5～7枚，舌片椭圆状倒卵形，白色，先端钝或有缺刻。瘦果黑色，条形，略扁，具倒刺毛。

白花鬼针草植株

福建分布：全省各县市区均广泛分布。

中国及全球分布：在中国华东、华中、华南、西南地区均有分布，常见于村旁、路边和荒地中。广泛分布于亚洲和美洲的热带及亚热带地区。

起源：美洲热带地区。

预防、控制和管理措施：①人工铲除。②使用除草剂控制，常用的除草剂如41%草甘膦异丙胺盐水剂，防治效果明显。

白花鬼针草花苞

白花鬼针草花序

白花鬼针草瘦果

9. 裸柱菊 [*Soliva anthemifolia*（Juss.）R. Br.]

分类地位：菊科（Compositae）裸柱菊属（*Soliva*）

英文名称：camomileleaf soliva

中文别名：座地菊、九龙吐珠、七星菊、大龙珠草

形态特征：一年生草本，平卧于地面。叶近基生，有二到三回的羽状分裂叶。头状花序近球形，紧贴茎基部，雌全同株，边花是无花冠的雌花，中心为黄色花冠的两性花。

福建分布：全省各县市区均广泛分布。

中国及全球分布：1912年于香港发现，在中国江西、台湾、广东等地早已归化为野生种，海南、广西、贵州、福建、浙江、湖南等地也有分布，常见于荒地、田野。在全球温暖地区广泛分布。

起源：大洋洲、南美洲。

预防、控制和管理措施：①人工铲除。②使用除草剂控制，常用的除草剂如41%的草甘膦异丙胺盐水剂，防治效果明显。

裸柱菊植株

裸柱菊叶片

裸柱菊瘦果

10.鳢肠［*Eclipta prostrata*（L.）L.］

分类地位：菊科（Compositae）鳢肠属（*Eclipta*）

英文名称：eclipta、false daisy、mayweed、stinking chamomile

中文别名：墨旱莲、旱莲草、乌心草

形态特征：一年生草本植物，其表面有粗糙的茸毛，被折断的地方过段时间会变成黑色。长圆状披针形的叶片对生，叶片两面长有粗糙的硬毛。在头状花序的外围有两层白色的舌状雌花，中间的两性花管状呈淡黄色。边花和盘花所结出的瘦果在形态上有所不同，三棱形（雌花）或扁四棱形（两性花），果实的边缘有白色的肋，表面有小瘤状突起。

福建分布：全省各县市区均广泛分布。

中国及全球分布：分布于中国大部分地区。在全球的热带、亚热带及温带地区广泛分布。

起源：美洲。

预防、控制和管理措施：①结合农事活动进行人工除草，深翻耕作，抑制杂草生长。②可用苄嘧磺隆、甲基磺草酮、氟酮磺草胺、丙炔噁草酮等药剂进行化学防除。

鳢肠植株

鳢肠叶片和花序

鳢肠瘦果

11.假臭草 [*Praxelis clematidea*（Griseb.）R. M. King et H. Rob.]

分类地位：菊科（Compositae）假臭草属（*Praxelis*）

英文名称：catnip

中文别名：猫腥菊

形态特征：一年生直立草本植物，植株具有长柔毛，用手揉搓叶片时，会有一股类似猫尿的刺激性味道。卵圆形至菱形的叶片对生，具有锯齿状的边缘，每侧有5～8个齿。头状花序生于茎和枝端，花冠为浅蓝色，瘦果顶部有一圈白色的冠毛。

福建分布：在福州市、莆田市、泉州市、厦门市、漳州市、龙岩市所属各县市区，三明市沙县、大田县，南平市延平区，宁德市蕉城区、福安市、古田县、福鼎市等地均有分布。

中国及全球分布：20世纪80年代在中国香港首次发现假臭草，在我国主要发生于华南的热带和亚热带地区，在广东、福建、澳门、香港、台湾、海南等地广泛分布，并且有向北部和东部扩散的趋势。在全球主要分布于阿根廷、巴西以及南美洲的其他一些国家，现散布于东半球热带地区。

起源：南美洲。

预防、控制和管理措施：①可在其种子成熟之前，拔除路边、坡地、果园等处的植株。②利用草甘膦等除草剂防治。

假臭草

假臭草花序

12. 牛膝菊（*Galinsoga parviflora* Cav.）

分类地位：菊科（Compositae）牛膝菊属（*Galinsoga*）

英文名称：smallflower galinsoga、gallant-soldier

中文别名：向阳花、珍珠草、小米菊、铜锤草

形态特征：一年生草本植物，茎不分枝或自基部分枝，枝条向上倾斜。卵形或长卵形的叶片对生，基出三脉或不明显的五脉。头状花序在茎或者枝条顶端形成疏松的伞房花序，雌全同株，边花为5个白色的雌性舌状花，中央为黄色的两性管状花冠。

福建分布：福州市、泉州市、龙岩市、三明市、宁德市所属各县市区，厦门市同安区，漳州市平和县、云霄县，南平市延平区、政和县等地均有分布。

中国及全球分布：中国最早于1914年在云南采集到该植物，在中国东北、中部、东部、东南、西南等地均有分布。在亚洲、南美洲等有分布。

起源：南美洲。

预防、控制和管理措施：①人工除草。②使用2甲4氯、麦草畏等除草剂防治。

牛膝菊

牛膝菊花序

13.熊耳草（*Ageratum houstonianum* Miller）

分类地位：菊科（Compositae）藿香蓟属（*Ageratum*）

英文名称：mexican ageratum

形态特征：一年生直立草本，植株表面长有白色绒毛或薄棉毛。宽卵形或长卵形的叶片对生，叶基部为心形或平截，三出基脉或不明显的五出脉。头状花序在茎枝顶端形成伞房花序或复伞房花序，总苞碗状，花冠淡紫色。

福建分布：最早于1908年在福建采集到该植物，目前全省各县市区均广泛分布。

中国及全球分布：中国最早于1908年在福建采集到该植物，现在广东、广西、云南、贵州、四川、浙江、安徽、江苏、山东、福建、北京、河北、黑龙江等地均有分布。在亚洲（老挝、越南、柬埔寨、印度）、非洲、欧洲等广泛分布。

起源：墨西哥、危地马拉。

预防、控制和管理措施：控制引种，可使用氯氟吡氧乙酸进行化学防治。

熊耳草

熊耳草叶片

熊耳草花序

14.南美蟛蜞菊 [*Sphagneticola trilobata*（L.）Pruski]

分类地位：菊科（Compositae）蟛蜞菊属（*Sphagneticola*）

英文名称：yellow dots、rabbits paw

中文别名：三裂叶蟛蜞菊、地锦花、穿地龙

形态特征：植株丛生状，匍匐生长，节上可生根，通常覆盖在地面。椭圆形至披针形的叶片对生，顶端通常3裂。头状花序长于叶腋处，边花为黄色的舌状花，盘花为黄色的管状花，较少见到结果的植株。

福建分布：福州市、莆田市、厦门市所属各县市区等的公园、校园内有栽培逸生，泉州市丰泽区、晋江市、泉港区，漳州市漳浦县，龙岩市永定区、连城县，三明市沙县等地均有分布。

南美蟛蜞菊

中国及全球分布：20世纪70年代作为观赏植物有意引进，引种栽培后逸生，现主要分布于中国海南、广东、广西、云南、香港、福建和台湾等地，西藏南部地区也有少量分布，并有向北方扩散的趋势。在全球热带地区广泛分布。

起源：美洲热带地区。

南美蟛蜞菊花序

预防、控制和管理措施：①控制引种，在植株结果前拔除。②可用草甘膦、氯氟吡氧乙酸等除草剂喷洒防除，对地上部分效果良好；应及时拔除残留在地下的根茎。

15.银胶菊（*Parthenium hysterophorus* L.）

分类地位：菊科（Compositae）银胶菊属（*Parthenium*）

英文名称：common parthenium、phite top、whitehead

形态特征：一年生直立多分枝的草本植物。二回羽状复叶互生，具有3～4对羽片，叶面具有粗糙的疣状毛。多朵头状花序在茎枝顶端形成开展的伞房花序，边花为5枚白色的舌状花，盘花为白色的管状花。

福建分布：泉州市安溪县，厦门市同安区、集美区，漳州市东山县、龙海区、云霄县、漳浦县、诏安县等地均有分布。

中国及全球分布：1926年中国首次在云南采集到该植物，目前广泛分布于中国大部分地区，如海南、广东、广西、云南、贵州、香港、福建、山东等地。在美洲及亚洲热带和亚热带地区广泛分布。

起源：美洲热带地区。

预防、控制和管理措施：使用2甲4氯、麦草畏等除草剂进行化学防除。

银胶菊

银胶菊花序

16.薇甘菊（*Mikania micrantha* Kunth）

分类地位：菊科（Compositae）假泽兰属（*Mikania*）

英文名称：mile-a-minute weed

中文别名：小花蔓泽兰、小花假泽兰

形态特征：匍匐或攀缘的多年生草本或木质藤本。三角状卵形至卵形叶片对生，底部叶较大，随着枝条的生长，上部的叶渐小，叶柄亦短。头状花序通常在枝条顶部形成复伞房花序，所有的小花都是白色可结实的两性花，有香气。瘦果为黑色，顶端有32～40条刺毛组成的白色冠毛。

福建分布：福州市仓山区、鼓楼区，厦门市，漳州市等地区少量分布。

中国及全球分布：1919年在中国香港出现，最早于2000年在广东采集到标本，中国南方大部分地区都有分布。广泛分布于全球热带和亚热带地区。

起源：南美洲和中美洲。

预防、控制和管理措施：①种群发生较小时，可采用人工铲除的方法。②可用草甘膦、氯氟吡氧乙酸等化学药剂进行防治。③可用假泽兰瘤瘿螨、菟丝子及真菌等进行生物防治。

薇甘菊

薇甘菊叶片

17.豚草（*Ambrosia artemisiifolia* L.）

分类地位：菊科（Compositae）豚草属（*Ambrosia*）

英文名称：common ragweed、bitterweed、blackweed、hay-fever weed

中文别名：普通豚草、艾叶破布草、豕草

形态特征：一年生直立草本，植株有稀疏的密糙毛。下部叶对生，二次羽状分裂，叶的正面深绿色，叶的背面为灰绿色，叶片上表面被短的糙毛所覆盖，上部的叶互生，羽状分裂。雄头状花序下垂，在枝端密集形成总状花序，花冠为浅黄色；雌头状花序位于雄头状花序之下，或在下部叶腋处单生，或2～3朵密集形成团伞状花序。

福建分布：在福州市静安区、连江县，泉州市惠安县，龙岩市连城县等有分布，交通主干道周边区域以小种群分布较多，乡村公路或农田机耕道旁以零星少量分布较多。

豚草

中国及全球分布：1935年发现于中国杭州，现广泛分布于东北、华北、华中和华东等地区。广泛分布在全球大部分地区，已知分布地区有亚洲、非洲、美洲和大洋洲。

起源：北美洲。

预防、控制和管理措施：①严格检疫豚草发生地调运的种子或粮食，农田种群密度低时，在开花前人工拔除或割除。②采用紫穗槐、沙棘等具有经济价值的植物代替豚草。③采用广聚萤叶甲（*Ophraella communa*）、豚草条纹叶甲（*Zygogramma suturalis*）、豚草卷蛾（*Tarachidia candefacta*）等天敌用于生物防除。④使用乙草胺或异噁草松对土壤进行处理，或使用2甲4氯、苯达松、氟磺胺草醚、草甘膦等对茎叶进行处理，可有效控制豚草生长。

豚草叶片

18.肿柄菊（*Tithonia diversifolia* A. Gray.）

分类地位：菊科（Compositae）肿柄菊属（*Tithonia*）

英文名称：mexican sunflower

中文别名：假向日葵、金光菊、异叶肿柄菊、臭菊

形态特征：一年生草本植物，株高达5m。茎分枝粗壮，密被短柔毛或下部脱毛。叶卵形、卵状三角形或近圆形，上部叶有时分裂，裂片卵形或披针形，有细锯齿，下表面被柔毛。头状花序顶生于假轴分枝的长花序梗上，总苞片外层椭圆形或椭圆状披针形，内层苞片长披针形，管状花黄色。瘦果长椭圆形。

肿柄菊

福建分布：在福州市、莆田市、泉州市、厦门市等地广泛分布。

中国及全球分布：分布于中国福建、广东、广西、云南和台湾等地。广泛引种到亚洲、非洲、美洲的许多国家和地区，在东南亚、非洲南部等一些地区成为入侵草地、河岸的杂草。

起源：墨西哥及中美洲地区。

预防、控制和管理措施：人工防除或使用生长抑制剂处理顶心。

肿柄菊幼株

肿柄菊叶片

肿柄菊花序

19.飞机草（*Eupatorium odoratum* L.）

分类地位：菊科（Compositae）泽兰属（*Eupatorium*）

英文名称：odor eupatorium

中文别名：马鹿草、解放草、大泽兰

形态特征：多年生直立草本或半灌木，具有与主干垂直的分枝，植株长有稠密黄色茸毛或短柔毛。叶子呈三角形，对生，叶正面为绿色，背面颜色浅，基出三脉。头状花序在茎顶或枝端形成伞房状或复伞房状花序，花白色或粉红色。

福建分布：厦门市、漳州市诏安县等地有零星逸生分布。

中国及全球分布：中国于1934年在云南南部首次发现，现已入侵海南、广东、台湾、广西、云南、贵州、福建、香港和澳门等地。在全球热带和亚热带地区均有分布。

起源：南美洲。

预防、控制和管理措施：①注意裸地植物的生态恢复，如采用豆科植物大叶千金拔以及禾本科植物伏生臂形草进行混播处理，一方面可以控制飞机草的蔓延、改良土壤，另一方面在亚热带草场可提高饲草干物质含量并延长草场使用年限。②苗期可选择氯氟吡氧乙酸、三氯吡氧乙酸或草甘膦等化学除草剂进行防除，成株后使用草甘膦进行防除效果较好。③保护和利用天敌昆虫取食或利用真菌病害侵染飞机草，发挥自然天敌和微生物的控制作用。

飞机草植株

飞机草瘦果

20.大狼杷草（*Bidens frondosa* L.）

分类地位：菊科（Compositae）鬼针草属（*Bidens*）

英文名称：bevil's beggarticks

中文别名：接力草、针线包草、外国脱力草

形态特征：一年生直立草本，茎略为四棱形。一回羽状复叶对生，小叶3～5枚。头状花序单生于茎端或分枝末端，在花序的最外层有8枚披针形的苞片。瘦果扁平，顶端具芒刺2枚，有倒刺毛。

福建分布：全省大部分县市区广泛分布。

中国及全球分布：中国东北地区以及山东、安徽、江苏、浙江、福建、湖南和江西等地均有分布，目前可能会向全国水稻产区蔓延。在北美洲和亚洲亚热带等地均有分布，喜湿润土壤。

起源：北美洲。

预防、控制和管理措施：①精选良种。②使用2甲4氯、氯氟吡氧乙酸、苄嘧磺隆等药剂进行化学防治。

大狼杷草

21.翼茎阔苞菊 [*Pluchea sagittalis*（Lamarck）Cabera]

分类地位：菊科（Compositae）阔苞菊属（*Pluchea*）

英文名称：wingstem camphorweed

形态特征：多年生直立草本，全株具浓厚的芳香气味，长有浓密的茸毛，最显著的特征是从叶片基部向下延伸到茎部的翼。叶片披针形至广披针形，头状花序顶生或腋生，形成伞房花序状，边花为白色丝状的雌花，盘花为白色至紫色的两性管状花。

福建分布：福州市长乐区河边或水塘边偶有发生。

中国及全球分布：中国于20世纪末在台湾发现，该植物目前在海南、广西、福建、广东和台湾等大部分地方均有分布。广泛分布在亚洲热带地区。

起源：南美洲。

预防、控制和管理措施：①严格监控入侵种群动态，发现野外种群应及时清理。②使用2甲4氯、草甘膦等化学药剂防除。

翼茎阔苞菊

翼茎阔苞菊花序

22. 秋英（*Cosmos bipinnata* Cavanilles）

分类地位：菊科（Compositae）秋英属（*Cosmos*）

英文名称：cosmos

中文别名：大波斯菊、波斯菊、秋樱

形态特征：一年生或多年生草本植物，叶二次羽状深裂，裂片呈线形或丝状。头状花序单生，边花为舌状花，颜色多种，有紫红色、粉红色或白色，中央为黄色的管状花。瘦果黑紫色，顶端有长喙。

福建分布：福建各地庭院中多种植用于观赏，在福州市仓山区、南平市政和县等地田间调查发现零星分布。

中国及全球分布：1911年从日本引入中国台湾，后在东北和云南等温带地区栽培；目前在黑龙江、吉林、辽宁、河南、陕西、河北、天津、江苏、四川、重庆、福建、云南、西藏等地均有分布，有向全国范围扩散的趋势。分布于全球海拔1 600 ~ 2 800m的高原地区。

起源：墨西哥。

预防、控制和管理措施：①严格控制引种，进行登记审批。②不将其作为荒野、草坡、道路两旁的绿化和美化植物材料。

秋英

（二）禾本科

23.棕叶狗尾草 [*Setaria palmifolia*（Koen.）Stapf]

分类地位：禾本科（Poaceae）狗尾草属（*Setaria*）

英文名称：palmgrass

中文别名：棕叶草、雏茅、若叶莩

形态特征：多年生直立草本，叶片呈纺锤状宽披针形，叶面有明显的纵深皱折，表面有疣毛，摸起来很粗糙。花序呈塔形，长20 ~ 60cm，宽2 ~ 10cm，分枝排列疏松。

福建分布：福州市仓山区、鼓楼区、晋安区，龙岩市漳平市，南平市邵武市、武夷山市，宁德市福安市、福鼎市、古田县，莆田市荔城区、仙游县，泉州市永春县，三明市沙县、清流县等县市区均有分布。

中国及全球分布：在中国浙江、江西、福建、台湾、湖北、湖南、贵州、四川、云南、广东、广西、西藏等地区均有分布。在非洲、大洋洲、美洲和亚洲的热带及亚热带地区均有分布。

起源：非洲。

预防、控制和管理措施：在开花结果前人工铲除。

棕叶狗尾草

24.丝毛雀稗（*Paspalum urvillei* Steud.）

分类地位：禾本科（Poaceae）雀稗属（*Paspalum*）

英文名称：vasey grass

中文别名：宜安草、小花毛花雀稗

形态特征：多年生或一年生丛生草本，有扁平或卷折的线形叶片。穗状花序2至多枚排列于茎顶，小穗上长有白色的丝状柔毛。

福建分布：福州市仓山区、鼓楼区，龙岩市连城县、新罗区、长汀县，三明市宁化县、泰宁县等县市区均有分布。

中国及全球分布：在中国湖南、浙江、福建、广东、广西、香港和台湾等地均有分布。全球亚热带和热带地区均为可扩散区域。

起源：南美洲。

预防、控制和管理措施：加强在适生地区的引种栽培管理，防止逃逸和扩散。

丝毛雀稗

丝毛雀稗花序

25.白茅［*Imperata cylindrica*（L.）Beauv.］

分类地位：禾本科（Poaceae）白茅属（*Imperata*）

英文名称：cogongrass

中文别名：茅针、茅、茅根

形态特征：多年生直立草本，具有粗大的根状茎。叶片扁平呈条状，质地较薄，有时叶片上有白粉或柔毛。圆锥花序上有较长的丝状柔毛，成片生长时仿佛白色海浪。

福建分布：全省各县市区均广泛分布。

中国及全球分布：在中国各地广泛分布。在土耳其、伊拉克、伊朗以及非洲北部、中亚和地中海地区等均有分布。

起源：温带和热带地区。

预防、控制和管理措施：①采用草甘膦、茅草枯等除草剂防治，在枝节抽穗期进行叶面喷雾效果较好。②可结合种植绿肥覆盖地表，进行综合治理。

白茅

白茅花序

白茅瘦果

26.红毛草［*Rhynchelytrum repens*（wild.）C.E. Hubb.］

分类地位：禾本科（Poaceae）红毛草属（*Rhynchelytrum*）

英文名称：creeping rhynchelytrum

中文别名：红茅草、天芒针、金丝草

形态特征：一年生直立草本，植株呈禾草状披散。叶片线形，长达20cm，边缘有许多细小的锯齿，容易划伤皮肤。圆锥花序开展，羽毛状的柱头呈红色。

福建分布：福清林果场等地有栽培，调查发现在福州市闽清县，厦门市集美区，漳州市漳浦县、诏安县等县市区零星分布。

中国及全球分布：作为一种观赏植物和牧草被广泛引种，在中国台湾、福建、香港、广东、海南等地均有分布。目前在全球热带地区有分布，主要分布在非洲。

起源：非洲南部地区。

预防、控制和管理措施：加强种植地管理，防止野外逸生，同时对于已经逸生的植株及时清理并除根。

红毛草

红毛草花序

27.互花米草（*Spartina alterniflora* Loisel.）

分类地位：禾本科（Poaceae）米草属（*Spartina*）

英文名称：smooth cordgrass

形态特征：多年生坚韧、直立草本，生长于海边的滩涂地。长披针形的叶片互生，长度可达90cm，叶表面往往覆盖着一层白色粉状的盐霜，这是因为叶片上有可排除体内多余盐分的盐腺，穗状花序组成圆锥花序。

福建分布：1980年作为引种植物在福建试种成功，目前在福建宁德市、福州市、莆田市等地均有分布，在沿海滩涂地广泛分布且危害严重。

中国及全球分布：中国东部沿海盐沼（北至天津汉沽，南至广西山口保护区）均有分布。互花米草的分布区域已经从其原产地扩展到欧洲以及新西兰和北美西海岸。

起源：美国东南部海岸。

预防、控制和管理措施：严禁引种扩散，进行机械割除，加强综合利用。

互花米草

互花米草植株

28.野燕麦（*Avena fatua* L.）

分类地位：禾本科（Poaceae）燕麦属（*Avena*）

英文名称：wild oat

中文别名：乌麦、燕麦草、铃铛麦

形态特征：一年生直立草本，植株光滑。叶片扁平，宽4～12mm。圆锥花序呈金字塔状，小穗的柄弯曲下垂，形状像一个个小铃铛。

福建分布：调查发现宁德市霞浦县有分布。

中国及全球分布：中国范围均有分布。在欧洲、亚洲、非洲广泛分布。

起源：地中海地区。

预防、控制和管理措施：①各地切实加强植物检疫，在麦类作物连作区或常年野燕麦发生危害严重地区实行轮作倒茬。②精噁唑禾草灵、精喹禾灵、野燕枯等对野燕麦具有良好的防除效果，对小麦及下茬作物安全，施一次药即可控制当季野燕麦的危害。

野燕麦

（三）苋科

29.空心莲子草［*Alternanthera philoxeroides*（Mart.）Griseb.］

分类地位：苋科（Amaranthaceae）莲子草属（*Alternanthera*）

英文名称：alligator weed

中文别名：喜旱莲子草、水花生、革命草

形态特征：多年生匍匐草本，具有中空的草质茎秆，每个节都能长根。椭圆形的叶片以交互对生的方式在茎上排列。球形的头状花序单生于叶腋，具有长花梗和白色花瓣。

福建分布：全省农田、果园、沟渠、池塘等区域广泛分布，城市公园、绿地等区域少量分布。

中国及全球分布：中国大部分地区都有分布，如山东、河北、陕西、河南、安徽、江苏、上海、浙江、湖南、湖北、江西、福建、重庆、四川、贵州、云南、广西、广东、海南和台湾。全球范围内主要分布在亚热带地区，其次是暖温带半湿润地区和热带地区。

起源：南美洲巴西、乌拉圭、阿根廷等国家。

预防、控制和管理措施：①野外释放莲草直胸跳甲（*Agasicles hygrophila*）可对河道、湖泊等水体中的空心莲子草取得很好的防治效果。空心莲子草叶斑病菌（*Nimbya alternantherae*）危害空心莲子草的叶和茎，造成叶片大量枯死和脱落，对空心莲子草有较好的控制效果，是一种潜在的生防真菌。②氯氟吡氧乙酸、麦草畏、草甘膦以及它们的复配剂在短期内对空心莲子草地上部分有防除作用。③果园可通过套种豆科植物抑制空心莲子草的生长和蔓延。④可人工拔除公园绿地生长的空心莲子草；可人工打捞池塘、沟渠生长的空心莲子草，并晒干或沤制有机肥。

空心莲子草

空心莲子草茎和叶

空心莲子草花序

30.皱果苋（*Amaranthus viridis* L.）

分类地位：苋科（Amaranthaceae）苋属（*Amaranthus*）

英文名称：wild amaranth、wrinkled fruit amaranth、slender amaranth

中文别名：绿苋、野苋

形态特征：一年生直立草本，植株呈绿色或带紫色，卵状矩圆形叶片互生，叶面通常有V形的白色斑纹。穗状圆锥花序顶生，长达12cm，顶端的花穗比侧生的花序要长。胞果扁球形，皱缩，露出花被片。种子黑色呈球状。

福建分布：调查发现福州市仓山区、鼓楼区、晋安区、闽清县，龙岩市连城县、永定区、漳平市，南平市武夷山市，莆田市仙游县，泉州市安溪县、南安市、永春县，三明市大田县、将乐县、尤溪县，厦门市集美区、思明区、同安区，漳州市龙海区、平和县、云霄县、漳浦县、诏安县等地广泛分布，多生于田野或路旁。

中国及全球分布：目前在中国黑龙江、吉林、辽宁、内蒙古、河北、山西、陕西、甘肃、河南、山东、安徽、江苏、浙江、福建、重庆、广西、广东、海南、台湾等地均有分布。广泛分布在全球的热带、亚热带和温带地区。

起源：非洲热带地区。

预防、控制和管理措施：人工防除，零星分布的在苗期或结果前拔除；成片生长的区域可采用化学防治方法，喷洒灭生性除草剂进行防除。

皱果苋

皱果苋花序

31.凹头苋（*Amaranthus blitum* L.）

分类地位：苋科（Amaranthaceae）苋属（*Amaranthus*）

英文名称：livid amaranth、pigweed、purple amaranth

中文别名：野苋

形态特征：一年生草本，全体无毛。茎伏卧而上升，从基部分枝，淡绿色或紫红色。叶片卵形或菱状卵形，顶端凹缺，基部宽楔形，全缘或稍呈波状。花呈腋生花簇，直至下部叶的腋部，全在茎端和枝端的为直立穗状花序或圆锥花序；雄蕊比花被片稍短；柱头3或2，果熟时脱落。胞果扁卵形。种子环形，黑色至黑褐色。

福建分布：全省各县市区均有分布。

中国及全球分布：除内蒙古、宁夏、青海、西藏外，在中国广泛分布。广泛分布于温带、热带和亚热带地区。

起源：美洲热带地区。

预防、控制和管理措施：可选用乙草胺、灭草松等药剂喷雾防治。

凹头苋

凹头苋叶

凹头苋花序

32.反枝苋（*Amaranthus retroflexus* L.）

分类地位：苋科（Amaranthaceae）苋属（*Amaranthus*）

英文名称：redroot pigweed

中文别名：西风谷、人苋菜、野苋菜

形态特征：一年生高大草本，植株高度可达1m。叶片菱状卵形，顶端锐尖或尖凹，具有小突尖。圆锥花序顶生或腋生，由多数穗状花序形成。胞果扁卵形，淡绿色。种子为球形，棕色或黑色。

福建分布：调查发现福州市仓山区、鼓楼区、晋安区、台江区、永泰县、长乐区，龙岩市漳平市，南平市建瓯市、邵武市，宁德市古田县、霞浦县，泉州市南安市、永春县，三明市建宁县、将乐县、宁化县，厦门市同安区，漳州市诏安县等县市区广泛分布。

中国及全球分布：在中国黑龙江、吉林、辽宁、内蒙古、河北、山东、福建、山西、河南、陕西、甘肃、宁夏、新疆等地均有分布，生在田园内、农地旁，有时生在瓦房上。现广泛传播并归化于全球各地。

起源：美洲热带地区。

预防、控制和管理措施：①在苗期进行人工拔除。②玉米地可选择莠去津、乙草胺、烟嘧磺隆、硝磺草酮等除草剂进行化学防除；大豆田可选择氟磺胺草醚、乙羧氟草醚等除草剂进行防除；棉花地可选择敌草隆等除草剂进行防除。③采用水旱轮作可以有效控制其危害。④利用植物化感物质、生防菌及其代谢物对反枝苋进行防除。

反枝苋

33.刺苋（*Amaranthus spinosus* L.）

分类地位：苋科（Amaranthaceae）苋属（*Amaranthus*）

英文名称：spiny amaranth、theorny amaranth

中文别名：野苋菜、勒苋菜、猪母刺

形态特征：一年生直立草本，多分枝，有纵条纹，绿色或带紫色。叶片呈菱状卵形或卵状披针形，顶端圆钝，有1个小突起，在叶柄两侧有2根硬刺。圆锥花序，其基部的苞片通常具有尖锐的直刺。胞果矩圆形，种子近球形，黑色或带棕黑色。

福建分布：调查发现福州市罗源县，龙岩市连城县、漳平市、长汀县，南平市松溪县、武夷山市，宁德市福安市、福鼎市，泉州市南安市、永春县，三明市宁化县，厦门市同安区，漳州市漳浦县、诏安县等县市区均广泛分布。

中国及全球分布：在中国黑龙江、吉林、辽宁、新疆、甘肃、陕西、河南、安徽、江苏、浙江、江西、湖南、湖北、四川、云南、贵州、广西、广东、福建、台湾等地均有分布，生长在旷地或园圃。日本、印度、菲律宾及中南半岛和美洲等地皆有分布。

起源：美洲热带地区。

预防、控制和管理措施：人工防除，零星分布的在苗期或结果前拔除；成片生长的区域可采用化学防治方法，喷洒灭生性除草剂进行防除。

刺苋

刺苋花序

刺苋叶片

34.青葙（*Celosia argentea* L.）

分类地位：苋科（Amaranthaceae）青葙属（*Celosia*）

英文名称：feather cockscomb

中文别名：野鸡冠花、牛尾苋、鸡冠花、百日红

形态特征：一年生直立草本，多分枝，茎秆有明绿色或红色的条纹。叶片矩圆披针形，绿色常带红色。花密生，在茎端或枝端呈塔状，顶端的花朵为淡红紫色，越往下颜色越淡，直至白色。胞果卵形，种子肾形。

福建分布：调查发现福州市仓山区、闽清县，龙岩市新罗区，南平市建瓯市、武夷山市、延平区、政和县，泉州市南安市，三明市建宁县，厦门市集美区、同安区，漳州市漳浦县、诏安县等县市区广泛分布。

中国及全球分布：几乎遍布全中国，野生或栽培，可生长在海拔高达1 100m的地方。朝鲜、日本、俄罗斯、印度、越南、缅甸、泰国、菲律宾、马来西亚及非洲热带地区均有分布。

起源：非洲热带地区。

预防、控制和管理措施：人工防除，零星分布的在苗期或结果前拔除；成片生长的区域可采用化学防治方法，喷洒灭生性除草剂进行防除。

青葙植株

青葙花序

35.土荆芥（*Chenopodium ambrosioides* L.）

分类地位：苋科（Chenopodiaceae）腺毛藜属（*Chenopodium*）

英文名称：mexican tea

中文别名：杀虫芥、臭草、鹅脚草

形态特征：一年生或多年生直立草本，有强烈香味。叶片矩圆状披针形至披针形，边缘有稀疏不整齐的大锯齿，植株下部叶片较大，靠近顶端的叶片逐渐狭小。花被片为绿色，胞果扁球形，种子为黑色或暗红色。

福建分布：福州市仓山区、晋安区、连江县、闽侯县、永泰县、平潭县，龙岩市连城县、新罗区，宁德市蕉城区、寿宁县、霞浦县，泉州市安溪县、南安市、永春县，三明市大田县、宁化县，漳州市平和县、诏安县等县市区均广泛分布。

中国及全球分布：中国广西、广东、福建、台湾、江苏、浙江、江西、湖南、四川等地有野生，喜生于村旁、路边、河岸、旷野草丛等处；北方各省常有栽培。现广泛分布于全球热带及温带地区。

起源：美洲热带地区。

预防、控制和管理措施：发现较大面积逸生时可选择草甘膦、2甲4氯等灭生性除草剂进行化学防除。

土荆芥

土荆芥花序

（四）旋花科

36.三裂叶薯（*Ipomoea triloba* L.）

分类地位：旋花科（Convolvulaceae）番薯属（*Ipomoea*）

英文名称：aiea morning-glory、little bell、pink convolvulus、three-lobe morning-glory

中文别名：小花假番薯、红花野牵牛

形态特征：缠绕型藤本植物。叶宽卵形至圆形，叶顶端常3裂。花序腋生，单花或数朵花形成聚伞花序，花冠为漏斗状，淡红色或淡紫红色，凋谢时花冠为螺旋状。蒴果近球形。

福建分布：调查发现福州市罗源县、闽侯县、闽清县、长乐区，龙岩市连城县、新罗区，南平市建瓯市、建阳区、浦城县、邵武市、松溪县、武夷山市、延平区，宁德市古田县、霞浦县，莆田市仙游县，三明市沙县、将乐县、清流县、永安市、尤溪县，厦门市同安区，漳州市平和县、漳浦县等县市区广泛分布。

中国及全球分布：在中国江苏、福建、广东及台湾高雄均有分布，生长于路旁、荒草地或田野。现已在全球热带地区广泛分布。

起源：美洲热带地区。

预防、控制和管理措施：①禁止引种。②荒地可以用草甘膦等防治，禾本科作物地可以用2甲4氯、氯氟吡氧乙酸防除。

三裂叶薯

三裂叶薯花

三裂叶薯叶片

37.牵牛 [*Ipomoea nil* (Linnaeus) Roth]

分类地位：旋花科（Convolvulaceae）番薯属（*Ipomoea*）

英文名称：whiteedge morning glory

中文别名：裂叶牵牛、牵牛花、喇叭花、筋角拉子、大花牵牛、勤娘子

形态特征：一年生缠绕草本，植株具有长硬毛。叶宽卵形或近圆形，或深或浅的3裂，有时也有5裂的情况。单朵或2朵花着生于花序梗顶端，花冠为漏斗状，蓝紫色或紫红色，花冠管色淡。蒴果近球形，种子卵状三棱形，黑褐色或米黄色。

福建分布：调查发现福州市仓山区、福清市、鼓楼区、晋安区、罗源县、闽侯县、台江区，南平市建瓯市、光泽县、武夷山市，宁德市福安市、霞浦县，厦门市集美区、同安区，漳州市诏安县等县市区广泛分布。

中国及全球分布：中国除西北和东北的一些省份外，大部分地区都有分布，生长于海拔100 ~ 1 600m的山坡灌丛、干燥河谷路边、园边宅旁、山地路边，或为栽培。在全球热带和亚热带地区广泛分布。

起源：美洲热带地区。

预防、控制和管理措施：发现逸生植株，应在开花期间彻底清除。

牵牛

牵牛花序

牵牛花

38.圆叶牵牛［*Ipomoea purpurea*（Linn.）Roth］

分类地位：旋花科（Convolvulaceae）番薯属（*Ipomoea*）

英文名称：common morning glory

中文别名：牵牛花、喇叭花、打碗花、紫花牵牛

形态特征：一年生缠绕草本，叶圆心形或宽卵状心形，两面疏或密被刚伏毛；花腋生，单一或2～5朵着生于花序梗顶端呈伞形聚伞花序，花冠为漏斗状，紫红色、红色或白色，花冠管通常为白色。蒴果近球形，种子卵状三棱形，黑褐色或米黄色。

福建分布：福州市长乐区和厦门市等地有栽培，或野生于路旁及绿篱间。

中国及全球分布：有意引进作栽培观赏，中国大部分地区有分布，生长于平地，在海拔2 800m以内的田边、路边、宅旁或山谷林内均有分布，栽培或沦为野生。广泛引植于全球各地，现已成为归化植物。

起源：美洲热带地区。

预防、控制和管理措施：发现逸生植株，应在开花期间彻底清除。

圆叶牵牛

39.五爪金龙［*Ipomoea cairica*（L.）Sweet］

分类地位：旋花科（Convolvulaceae）番薯属（*Ipomoea*）

英文名称：palmate-leaved morning glory、five-fingered morning glory

中文别名：五爪龙、牵牛藤、上竹龙、黑牵牛、假土瓜藤

形态特征：多年生的缠绕草本。掌状叶为5深裂或全裂，叶互生。聚伞花序腋生，有1～3朵花，花冠为漏斗状，紫红色、紫色或淡红色，偶有白色。蒴果近球形，种子为黑色。

福建分布：福州市仓山区、鼓楼区、晋安区、长乐区、永泰县，莆田市，泉州市安溪县、永春县，漳州市长泰区，厦门市思明区、同安区等地有分布，生长于平地或山地路旁向阳处灌草丛中，常缠绕于其他植物上。

中国及全球分布：在中国台湾、福建、香港、澳门、广西、云南南部、广东等地均有分布；生长于海拔90～610m的平地或山地路边灌丛，生长于向阳处，通常作观赏植物栽培。现已广泛分布于非洲和亚洲热带地区。

起源：亚洲或非洲热带地区。

预防、控制和管理措施：①在其开花后未结实时进行人工割除。②根据五爪金龙不同的生长环境选择嗯草酮、氨氯吡啶酸等除草剂进行化学防除。

五爪金龙

五爪金龙花

五爪金龙花苞

40.茑萝（*Ipomoea quamoclit* L.）

分类地位：旋花科（Convolvulaceae）番薯属（*Ipomoea*）

英文名称：cypressvine

中文别名：羽叶茑萝、金丝线、五角星花

形态特征：一年生柔弱的缠绕草本植物。叶卵形或长圆形，叶片深裂为丝状的细裂片。花序腋生，由少数花组成聚伞花序，花冠呈高脚碟状，深红色，花冠顶端5浅裂。蒴果卵形。种子卵状长圆形，黑褐色。

福建分布：调查发现福州市福清市，龙岩市连城县，南平市浦城县、武夷山市，三明市永安市，厦门市同安区等县市区庭院常见栽培。

中国及全球分布：作为观赏植物有意引进，中国陕西、河北、河南、山东、江苏、安徽、浙江、江西、福建、广东、广西、四川、贵州，云南广泛栽培，仅在北京、江苏、上海、安徽、浙江等地有逸生，虽影响当地生态，但影响较小。广泛分布于全球温带及热带地区。

起源：美洲热带地区。

预防、控制和管理措施：控制栽培，防止其蔓延进入自然生态系统，发现在自然环境生长时应及时清除。

茑萝

茑萝花

茑萝蒴果

（五）大戟科

41.飞扬草（*Euphorbia hirta* L.）

分类地位：大戟科（Euphorbiaceae）大戟属（*Euphorbia*）

英文名称：garden spurge

中文别名：大飞扬、节节花、飞相草

形态特征：一年生草本，折断后可观察到植株含有白色乳汁。茎上有褐色或黄褐色的粗硬毛。披针状长圆形叶对生，叶基略偏斜；叶面绿色，叶背灰绿色，有时具紫色斑，两面均具柔毛，叶背面脉上的毛较密。花小，生于叶腋处，密集呈头状。

福建分布：调查发现福州市、龙岩市、三明市、南平市、莆田市所属县市区及泉州市德化县、安溪县、南安市、永春县，漳州市龙海区、平和县、云霄县、漳浦县、诏安县，厦门市集美区、同安区等县市区少量分布。

中国及全球分布：在中国江西、湖南、福建、台湾、广东、广西、海南、四川、贵州和云南等地均有分布，生于路旁、草丛、灌丛及山坡，多见于沙质土。现广泛分布于全球热带和亚热带地区。

起源：非洲热带地区。

预防、控制和管理措施：可选择丁草胺、2甲4氯等阔叶除草剂进行防除。

飞扬草

42.匍匐大戟（*Euphorbia prostrata* Ait.）

分类地位：大戟科（Euphorbiaceae）大戟属（*Euphorbia*）

英文名称：prostrate sandmat、blue weed、ground spurge、prostrate spurge

中文别名：铺地草、乳草、奶疳草

形态特征：一年生匍匐状草本，植株通常呈淡红色或红色，少数为绿色或淡黄绿色，植株具有白色乳汁。椭圆形叶对生，叶基偏斜，叶片表面为绿色，叶背有时略呈淡红色或红色。花序通常单生在叶腋处，少数在小枝的顶端由数朵小花簇生而成。蒴果三棱状，只在边缘有稀疏的白色绒毛。

福建分布：调查发现福州市仓山区、鼓楼区、闽清县、长乐区，龙岩市永定区，南平市武夷山市、延平区，三明市永安市，莆田市，厦门市等县市区均有生长。

中国及全球分布：在中国江苏、湖北、福建、台湾、广东、海南和云南等地均有分布，生于路旁、屋旁和荒地灌丛。目前在亚洲、欧洲和非洲的热带和亚热带地区均有分布。

起源：美洲热带和亚热带地区。

预防、控制和管理措施：秋熟旱作物田地可以选择氨氟乐灵和噁草酮等除草剂进行处理。非农田生境可选择2甲4氯和草甘膦进行防除。

匍匐大戟

43. 南欧大戟（*Euphorbia peplus* L.）

分类地位：大戟科（Euphorbiaceae）大戟属（*Euphorbia*）

英文名称：petty spurge

中文别名：癣草

形态特征：一年生草本，植株有白色乳汁，上部多分枝，总体形状类似于一棵树。叶互生，倒卵形至匙形，先端钝圆、平截或微凹，基部楔形，边缘自中部以上具细锯齿。花序单生于二歧分枝顶端，基部近无柄。蒴果三棱状球形。种子卵棱状。

福建分布：调查发现福州市仓山区、鼓楼区、晋安区、闽侯县、闽清县，宁德市蕉城区，厦门市同安区等县市区均有分布。

中国及全球分布：在中国北京、台湾、广东、香港、福建、广西和云南均有种植，多生于路旁、屋旁和草地。目前在亚洲、美洲和澳大利亚均有分布。

起源：地中海沿岸（南欧至北非）。

预防、控制和管理措施：春季危害较为严重，可人工铲除，采用深耕覆土的方式将其埋入土壤中。

南欧大戟

44.通奶草（*Euphorbia hypericifolia* L.）

分类地位：大戟科（Euphorbiaceae）大戟属（*Euphorbia*）

英文名称：graceful spurge、black purslane、chickenweed

中文别名：鸡草、优雅大戟、庭院大戟

形态特征：一年生直立草本，通常不分枝，少数个体末端有分枝。倒卵形叶对生，叶片基部偏斜，不对称，叶片表面为深绿色，叶背面为淡绿色，有时略带紫红色，两面被稀疏的柔毛。花序数个簇生于叶腋或枝顶。蒴果呈三棱状，无毛。种子卵棱状，每条棱上有几条褶皱。

福建分布：调查发现福州市鼓楼区、台江区，漳州市漳浦县、东山县，宁德市霞浦县，厦门市同安区，南平市浦城县等县市区均有分布。

中国及全球分布：近年在中国北京发现有逸为野生的现象，长江以南的江西、台湾、湖南、广东、广西、海南、贵州、福建和云南均有分布，生于旷野荒地、路旁、灌丛及田间。广泛分布于世界热带和亚热带地区。

起源：美洲。

预防、控制和管理措施：秋熟旱作物田地可选择氨氟乐灵和噁草酮等除草剂加以控制，大豆田还可选择氟磺胺草醚、三氟羧草醚等除草剂处理茎叶。

通奶草

（六）豆科

45.猪屎豆（*Crotalaria pallida* Ait.）

分类地位：豆科（Leguminosae）猪屎豆属（*Crotalaria*）

英文名称：smooth rattlebox

中文别名：白猪屎豆、猪屎青、三圆叶猪屎豆

形态特征：多年生草本或为灌木状，植株密被紧贴的短柔毛。三出复叶，小叶长圆形或椭圆形。总状花序顶生，花冠为黄色的蝶形花。荚果长圆形，果瓣开裂后扭转。

福建分布：调查发现福州市仓山区、闽侯县、闽清县，龙岩市新罗区、永定区，南平市建阳区、武夷山市，莆田市仙游县，泉州市南安市，厦门市集美区，三明市沙县、永安市，漳州市南靖县等县市区均有分布。

中国及全球分布：在中国福建、台湾、广东、广西、四川、云南、山东、浙江、湖南等地均有分布，生于海拔100 ~ 1 000m的荒山、草地及沙质土壤中。目前广泛分布于美洲、非洲、亚洲热带和亚热带地区。

起源：热带和亚热带地区。

预防、控制和管理措施：控制逸生，应在开花期间彻底清除逸生植株。

猪屎豆

猪屎豆叶片

猪屎豆总状花序

猪屎豆荚果

46. 白车轴草（*Trifolium repens* L.）

分类地位：豆科（Leguminosae）车轴草属（*Trifolium*）

英文名称：white clover

中文别名：白三叶、白花苜蓿、荷兰翘摇

形态特征：多年生匍匐蔓生草本，节上生根。掌状三出复叶，小叶中部有白色斑纹。20～80朵蝶形花形成一个球形的头状花序。荚果长圆形，种子通常3粒。种子呈阔卵形。

福建分布：全省各县市区广泛分布，常见栽培于公园、绿地，也见以绿肥作物套种于茶园、果园等地。

中国及全球分布：有意引进，中国各地常见，生长于湿润草地、河岸、路边，呈半自生状态。全球各地均有栽培。

起源：欧洲和非洲北部。

预防、控制和管理措施：①加强引种栽培的监控和管理，控制逸生。②可选择氯氟吡氧乙酸、2甲4氯等除草剂进行化学防治。

白车轴草

白车轴草花序

47. 含羞草（*Mimosa pudica* Linn.）

分类地位：豆科（Leguminosae）含羞草属（*Mimosa*）

英文名称：sensitive plant

中文别名：知羞草、呼喝草、怕丑草

形态特征：亚灌木状草本，茎上长有散生、下弯的钩刺及倒生刺毛。羽状复叶通常2对，小叶10 ~ 20对，羽片和小叶遇到震动等会闭合而下垂。头状花序圆球形，单生或2 ~ 3个生于叶腋，淡红色。荚果长圆形，荚缘具刺毛，成熟时荚节脱落。种子卵形。

福建分布：福建各地多作为盆栽观赏。

中国及全球分布：在中国台湾、福建、广东、广西、云南、海南等地均有分布，生于旷野荒地、灌木丛中，长江流域常有栽培供观赏。现广泛分布于全球热带地区。

起源：美洲热带地区。

预防、控制和管理措施：①控制引种。②可喷洒草甘膦进行化学防除。

含羞草

含羞草花序

含羞草荚果

（七）十字花科

48.北美独行菜（*Lepidium virginicum* Linnaeus）

分类地位：十字花科（Cruciferae）独行菜属（*Lepidium*）

英文名称：virginia pepperweed

中文别名：独行菜

形态特征：一年或二年生直立草本，基生叶羽状分裂或大头羽裂，茎生叶为倒披针形或线形。总状花序常在茎顶端着生，4片白色花瓣组成“十”字形。短角果近圆形。种子卵形，红棕色。

福建分布：全省各县市区均有分布。

中国及全球分布：中国黑龙江、吉林、辽宁、陕西、甘肃、青海、新疆、山东、河南、安徽、江苏、浙江、福建、湖南、湖北、江西、广西、贵州、云南等地均有分布，几乎已遍布全国，生在田边或荒地，为田间杂草。欧洲、美洲有分布。

起源：北美洲。

预防、控制和管理措施：①可选择苯磺隆、乳氟禾草灵、莠去津、嗪草酮等除草剂进行化学防除。②农田中可通过深翻耕地进行人工防除。

北美独行菜

北美独行菜叶

北美独行菜短角果

49.弯曲碎米荠（*Cardamine flexuosa* With.）

分类地位：十字花科（Cruciferae）碎米荠属（*Cardamine*）

英文名称：wavy bitter-cress

形态特征：一年或二年生草本，高达30cm，茎自基部多分枝，表面有少许柔毛。基生叶，顶生小叶呈卵形、倒卵形或长圆形，侧生小叶呈卵形，茎生小叶呈长卵形或线形。总状花序生于枝顶，花小，花瓣为白色，呈倒卵状楔形。长角果呈线形，扁平。种子呈长圆形，黄绿色。

福建分布：全省各县市区均有分布。

中国及全球分布：在中国各地广泛分布，常生长在路旁、田边以及草地。在朝鲜、日本以及欧洲、北美洲均有分布。

起源：欧洲和亚洲东部。

预防、控制和管理措施：人工防除或机械防除，也可选择莠去津、溴苯腈和噻吩磺隆等除草剂进行化学防除。

弯曲碎米荠

弯曲碎米荠花序

弯曲碎米荠长角果

50.臭荠［*Coronopus didymus*（L.）J.E.Smith］

分类地位：十字花科（Cruciferae）臭荠属（*Coronopus*）

英文名称：swine wart cress

中文别名：臭滨荠、臭独行菜

形态特征：一年或二年生匍匐草本，全株有臭味。叶片为一回或二回羽状全裂。4片白色的花瓣组成“十”字形。短角果肾形，表面有粗糙的褶皱，成熟时分离成2瓣。种子肾形，红棕色。

福建分布：调查发现福州市福清市、鼓楼区、闽侯县、闽清县、永泰县，宁德市福鼎市、蕉城区、霞浦县，莆田市荔城区，泉州市晋江市，三明市尤溪县，厦门市集美区、同安区等县市区均有分布。

中国及全球分布：在中国山东、河北、河南、安徽、江苏、浙江、福建、台湾、湖北、江西、重庆、四川、广东、云南等地均有分布，生长在路旁或荒地。欧洲、北美洲、亚洲均有分布。

起源：欧洲。

预防、控制和管理措施：农田中可通过深翻耕地进行人工防除。也可选择2甲4氯、莠去津、溴苯腈、噻吩磺隆等除草剂进行化学防除。

臭荠

（八）茄科

51.颠茄（*Solanum aculeatissimum* Jacquem.）

分类地位：茄科（Solanaceae）茄属（*Solanum*）

英文名称：belladonna

中文别名：喀西茄

形态特征：直立草本至亚灌木植物，高可达3m。茎、枝、叶及花柄多混生黄白色具节的长硬毛、短硬毛、腺毛及淡黄色基部宽扁的直刺，刺长2～15mm，宽1～5mm，基部暗黄色。花序腋外生，萼钟状，裂片长圆状披针形，花冠筒淡黄色，冠檐白色，花药在顶端延长。子房球形，成熟时淡黄色。

福建分布：福州市福清市，南平市浦城县，泉州市南安市，三明市沙县，漳州市漳浦县、诏安县等县市区零星分布。

中国及全球分布：20世纪30年代引入中国，中国南北药材种植场有引种栽培。欧洲西部、非洲北部、亚洲西部、美洲北部广泛分布。

起源：欧洲中部、西部和南部。

预防、控制和管理措施：①控制好种植区，对于逸生个体及时拔除。②发现较大面积逸生时可选择灭生性除草剂进行化学防除。

颠茄

颠茄叶

颠茄未成熟浆果

颠茄成熟浆果

52.水茄（*Solanum torvum* Swartz）

分类地位：茄科（Solanaceae）茄属（*Solanum*）

英文名称：turkey berry

中文别名：刺茄、山颠茄、金衫扣、刺番茄

形态特征：灌木，全株有灰褐色的星状毛。椭圆形叶单生或双生，叶片基部为楔形并且歪斜不对称。伞房花序腋外生，花冠白色，具有星状毛。浆果黄色，圆球形。种子呈盘状。

福建分布：福州市仓山区、鼓楼区、晋安区，莆田市仙游县，厦门市同安区，漳州市漳浦县等县市区零星分布。

中国及全球分布：中国云南（东南部、南部及西南部）、广西、广东、台湾等地均有分布，喜生长于热带地区的路旁、灌木丛、沟谷及村庄附近等潮湿地方，适宜海拔为200～1 650m。分布于印度、缅甸、泰国、菲律宾、马来西亚等亚洲国家，也分布于美洲热带地区。

起源：加勒比地区。

预防、控制和管理措施：①检验检疫部门应加强对货物、运输工具等传播载体的监控排查。②可使用草甘膦、2甲4氯等除草剂进行化学防除。

水茄

水茄花序

（九）锦葵科

53. 赛葵［*Malvastrum coromandelianum*（Linn.）Gurcke］

分类地位：锦葵科（Malvaceae）赛葵属（*Malvastrum*）

英文名称：false mallow

中文别名：黄花草、黄花棉

形态特征：亚灌木状直立草本。叶片卵状披针形或卵形，叶缘呈粗锯齿状，叶片上表面长有稀疏的长毛。花单生于叶腋处，黄色，花瓣5片，单体雄蕊。分果爿8 ~ 12个，肾形，具有稀疏的星状柔毛。

福建分布：福州市福清市、鼓楼区、闽清县、永泰县、连江县、长乐区，龙岩市连城县、新罗区、永定区、漳平市，泉州市晋江市、南安市、永春县，厦门市同安区，漳州市东山县、云霄县、漳浦县、诏安县、龙海区等县市区有种植或少量分布。

中国及全球分布：中国浙江、福建、台湾、广东、香港、广西、云南、海南等地均有分布，散生于干热草坡。广泛分布于全球热带地区，亚热带地区也是可扩散范围。

起源：美洲。

预防、控制和管理措施：加强检疫，可使用草甘膦进行化学防除。

赛葵

赛葵花

赛葵果

54.黄花稔（*Sida acuta* Burm. F.）

分类地位：锦葵科（Malvaceae）黄花稔属（*Sida*）

英文名称：common wireweed

中文别名：扫把麻、亚罕闷

形态特征：直立亚灌木状草本。叶披针形，边缘锯齿状。花单朵或成对生于叶腋，有柔毛；花黄色，花瓣为倒卵形，单体雄蕊。蒴果近圆球形，分果爿4～9个。

福建分布：调查发现福州市福清市、鼓楼区、晋安区、闽清县、长乐区，龙岩市连城县、武平县、永定区、漳平市，莆田市仙游县，泉州市永春县、南安市，三明市宁化县，厦门市同安区等县市区均有分布，多生于海拔500m以下的河岸两旁以及村落附近的旷地和田园中。

中国及全球分布：中国台湾、福建、广东、广西和云南等地有分布，常生于山坡灌丛间、路旁或荒坡。全球均有分布。

起源：印度。

预防、控制和管理措施：可作药用植物栽培，控制好种植区，对于逸生个体及时拔除。发现较大面积逸生时可选择灭生性除草剂进行化学防除。

黄花稔

黄花稔花序

（十）马鞭草科

55.马缨丹（*Lantana camara* L.）

分类地位：马鞭草科（Verbenaceae）马缨丹属（*Lantana*）

英文名称：common lantana

中文别名：五色梅、五彩花、臭草

形态特征：直立灌木，茎枝干为四棱形，通常有短的倒钩刺。单叶对生，揉烂后有强烈的刺激性气味，叶片卵形至卵状长圆形，叶片粗糙。花冠有不同的颜色，如黄色、橙黄色、深红色等，因此也被称为“五色梅”。果实圆球形，成熟时呈紫黑色。

马缨丹

马缨丹叶

福建分布：福州市仓山区、福清市、鼓楼区、晋安区、台江区、长乐区，龙岩市连城县，南平市建瓯市，莆田市荔城区，泉州市晋江市、南安市、泉港区，三明市永安市，厦门市集美区、同安区，漳州市东山县、龙海区、漳浦县等县市区均有分布，广泛种植于庭院、公园等地，也有少量野外逃逸生长。

马缨丹花

马缨丹果

中国及全球分布：有意引进，中国海南、台湾、福建、广东、广西、云南、重庆、澳门、香港等地均有分布。常生长于海拔80 ～ 1 500m的海边沙滩和空旷地。全球热带地区均有分布。

起源：美洲热带地区。

预防、控制和管理措施：①严禁从南亚热带地区引种，不宜用于公路及山坡绿化。②采用机械防除方法，在雨后人工连根拔除。发现较大面积逸生时可选择灭生性除草剂进行化学防除。

（十一）玄参科

56.野甘草（*Scoparia dulcis* L.）

分类地位：玄参科（Scrophulariaceae）野甘草属（*Scoparia*）

英文名称：sweet broomwort

中文别名：珠子草、假甘草、节节珠

形态特征：直立草本或为半灌木状，分枝极多。菱状卵形叶对生或轮生，枝的上部叶较小且多。花单朵或更多成对生于叶腋处，花冠白色，喉部有浓密的茸毛。蒴果卵圆形至球形，顶端有宿存的花柱。

福建分布：福州市晋安区、闽侯县，龙岩市新罗区、漳平市，宁德市古田县，莆田市仙游县，泉州市安溪县、南安市、永春县，厦门市同安区，漳州市漳浦县、诏安县等县市区均有分布。

中国及全球分布：分布于中国广东、广西、海南、云南、福建、香港、澳门、台湾等地。广泛分布于全球热带地区。

起源：美洲热带地区。

预防、控制和管理措施：严禁引种，可选择草甘膦等除草剂进行化学防除。

野甘草

野甘草花序

野甘草花

57.阿拉伯婆婆纳（*Veronica persica* Poir.）

分类地位：玄参科（Scrophulariaceae）婆婆纳属（*Veronica*）

英文名称：iran speedwell

中文别名：波斯婆婆纳

形态特征：铺散多分枝草本。卵形或圆形叶对生，叶片基部为浅心形，边缘为钝齿状，叶片表面稀疏生长着柔毛。花冠呈蓝色、紫色或蓝紫色，有4片花瓣。蒴果肾形，凹口角度超过90°。种子的背面有一条深色的横纹。

福建分布：福州市连江县、闽侯县、闽清县、永泰县、长乐区、连江县，南平市延平区、顺昌县，宁德市蕉城区、霞浦县、古田县，泉州市南安市、永春县，三明市大田县、建宁县、将乐县、宁化县、泰宁县、尤溪县，厦门市等县市区均有分布。

中国及全球分布：分布于中国华东、华中地区及贵州、云南，西藏东部，新疆伊宁，已为归化植物。在欧洲及亚洲温带、亚热带地区均有分布。

起源：亚洲西部、欧洲。

预防、控制和管理措施：①由于该植物处于作物的下层，通过作物适度密植可在一定程度上控制该草害。②选择氯氟吡氧乙酸、灭草松、草甘膦等除草剂进行化学防除。

阿拉伯婆婆纳

阿拉伯婆婆纳花

（十二）其他科

58.落葵薯［*Anredera cordifolia*（Tenore）Steenis］

分类地位：落葵科（Basellaceae）落葵薯属（*Anredera*）

英文名称：madeira vine、bridal wreath

中文别名：土三七、心叶落葵薯、藤三七

形态特征：缠绕藤本，肉质叶片卵形至近圆形，腋生有小块茎，磨碎后有鼻涕状的黏液。总状花序下垂，花被片为白色。

福建分布：调查发现福州市仓山区、鼓楼区、晋安区，龙岩市新罗区，宁德市霞浦县，莆田市荔城区等县市区少量分布。

中国及全球分布：中国南方至华北地区有栽培，在北京、天津地区以根状茎越冬，在重庆、贵州、湖南、广西、广东、香港、福建等地逸为野生。全球各地均引种栽培，在温暖地区归化。

起源：南美洲热带地区和亚热带地区。

预防、控制和管理措施：人工拔除，要注意清理散落的小块茎，避免再次传播。在幼苗期喷施灭生性除草剂，效果良好。

落葵薯

落葵薯叶片

落葵薯总状花序

落葵薯花

59.垂序商陆（*Phytolacca americana* L.）

分类地位：商陆科（Phytolaccaceae）商陆属（*Phytolacca*）

英文名称：common pokeweed、coakum

中文别名：洋商陆、美国商陆、美洲商陆、美商陆

形态特征：多年生直立草本，通常具有紫红色的茎秆和粗壮肥大如人参的肉质根。叶片为椭圆状卵形或卵状披针形。总状花序顶生或侧生，花白色，微带红晕，果序向下。浆果扁球形，多汁，成熟时呈紫黑色。种子肾圆形。

福建分布：全省各县市区广泛分布。

中国及全球分布：1960年以后遍及中国河北、陕西、山东、江苏、浙江、江西、福建、河南、湖北、广东、四川、云南各省。现全球各地均有引种栽培。

起源：北美洲。

预防、控制和管理措施：①严禁引种种植，在开花结果前人工挖除。②割除地上部分，防止鸟类啄食传播种子。

垂序商陆

垂序商陆花序

垂序商陆浆果

60.红花酢浆草（*Oxalis corymbosa* DC.）

分类地位：酢浆草科（Oxalidaceae）酢浆草属（*Oxalis*）

英文名称：pink woodsorrel、oxalis debilis

红花酢浆草

红花酢浆草叶

红花酢浆草花序

中文别名：大酸味草、铜锤草、南天七、紫花酢浆草、多花酢浆草

形态特征：多年生直立草本。掌状复叶有长柄，有小叶3片，小叶扁圆状倒心形，叶片上有稀疏的绒毛。二歧聚伞花序，通常排列成伞形花序状，花瓣5片，淡紫色至紫红色，花心为浅绿色。

福建分布：福州市仓山区、鼓楼区、晋安区、闽侯县、闽清县、台江区、永泰县、长乐区，龙岩市永定区、漳平市，宁德市蕉城区、霞浦县，莆田市荔城区、仙游县，泉州市永春县，三明市沙县、将乐县、永安市、尤溪县，厦门市同安区，漳州市平和县、诏安县等县市区广泛分布。部分公园成片种植用于绿化观赏。

中国分布：分布于中国华东、华中、华南地区以及河北、陕西、四川和云南等地。现归化于全球热带和温带地区。

起源：南美洲热带地区。

预防、控制和管理措施：可选择氯氟吡氧乙酸、灭草松、草甘膦等除草剂进行化学防除。

61.小叶冷水花 [*Pilea microphylla*（L.）Liebm.]

分类地位：荨麻科（Urticaceae）冷水花属（*Pilea*）

英文名称：artilliery plant

中文别名：礼花草、玻璃草、透明草、小叶冷水麻

形态特征：纤细铺散或直立小草本，茎肉质，多分枝。叶对生，同对的叶片不等大，倒卵形至匙形。雌雄同株，聚伞花序密集成近头状，花粉量大，因繁殖期风吹过时，仿佛绽放的礼花而又别名“礼花草”。瘦果卵形，成熟时变为褐色，表面光滑。

福建分布：调查发现福州市仓山区、福清市、鼓楼区、晋安区、闽清县、台江区，龙岩市连城县、上杭县、新罗区、永定区，泉州市安溪县、南安市、永春县，三明市大田县、宁化县、永安市，厦门市同安区，漳州市平和县等县市区均有分布。

中国及全球分布：无意引进，在中国安徽、广东、广西、福建、江西、浙江和台湾低海拔地区已广泛分布，常生长于路边石缝和墙上阴湿处。亚洲、非洲、南美洲热带地区广泛分布。

起源：南美洲热带地区。

预防、控制和管理措施：在其结果前进行人工清除，防止种子散落。

小叶冷水花

62.田野水苏（*Stachys arvensis* L.）

分类地位：唇形科（Labiatae）水苏属（*Stachys*）

英文名称：staggerweed

中文别名：野生水苏

形态特征：一年生植物，四棱形的茎秆，具有浅浅的凹槽，疏被柔毛。叶片卵圆形，长有柔毛，叶片在茎上呈交互对生排列。轮伞花序腋生，有2～4朵花，花冠红色，冠檐二唇形，上唇和下唇几乎等长。小坚果卵圆状，棕褐色。

福建分布：调查发现福州市闽清县、永泰县、长乐区、连江县，龙岩市连城县、漳平市，宁德市蕉城区，莆田市仙游县，泉州市惠安县、永春县，三明市沙县、建宁县、宁化县、清流县、泰宁县、永安市，南平市顺昌县，漳州市，厦门市等县市区均有分布。

中国及全球分布：在中国上海、浙江、台湾、福建、江西、广东、广西、贵州等地均有分布，为广泛分布杂草，生于荒地及田中。欧洲，亚洲中西部及美洲有分布。

起源：欧洲，亚洲西部。

预防、控制和管理措施：①可利用耕翻等措施，在不同生长期进行除草。②可选择草甘膦等除草剂进行化学防除。

田野水苏

田野水苏花序

63.吊竹梅（*Tradescantia zebrina* Bosse）

分类地位：鸭跖草科（Commelinaceae）紫露草属（*Tradescantia*）

英文名称：inchplant

中文别名：吊竹兰、斑叶鸭跖草、花叶竹夹菜、红莲

形态特征：多年生伏地草本，茎柔弱，半肉质。椭圆形叶片互生，叶片表面有紫绿色和银白色的条纹，中部和边缘有紫色的条纹，背面为紫色，生长在潮湿阴暗处会更明显。花瓣有3片，玫瑰紫色，果为蒴果。

福建分布：福州市仓山区、鼓楼区、晋安区、闽清县、台江区，龙岩市漳平市，泉州市永春县等县市区有栽培。

中国及全球分布：中国大部分地区均有栽培，为花坛和花镜常见搭配。亚洲、非洲、南美洲、北美洲等均有分布。

起源：墨西哥。

预防、控制和管理措施：严格控制种植栽培区域，对于逸生种群及时铲除。

吊竹梅

64.紫茉莉（*Mirabilis jalapa* L.）

分类地位：紫茉莉科（Nyctaginaceae）紫茉莉属（*Mirabilis*）

英文名称：four-o'clock

中文别名：胭脂花、粉豆花、苦丁香、地雷花

形态特征：一年生直立草本，叶片卵形或卵状三角形。花常数朵簇生枝端，总苞钟形，裂片三角状卵形，顶端渐尖，无毛，具脉纹，花被紫红色、黄色、白色或杂色等，花常午后开放，有香气，次日午前凋萎。瘦果球形，黑色，表面具皱纹，形似小型的地雷，故而有别名“地雷花”。

福建分布：福州市仓山区、鼓楼区，龙岩市连城县，南平市政和县，宁德市霞浦县，厦门市同安区，漳州市平和县等县市区有栽培，常逸为野生。

中国及全球分布：有意引进，各地常逸为野生，中国南北各地常栽培；为观赏花卉，亦作药用。主要分布在美洲热带地区。

起源：美洲热带地区。

预防、控制和管理措施：限制引种，加强种植地管理。

紫茉莉

紫茉莉花

紫茉莉花序

65.凤眼莲［*Eichhornia crassipes*（Mart.）Solme］

分类地位：雨久花科（Pontederiaceae）凤眼莲属（*Eichhornia*）

英文名称：water hyacinth

中文别名：凤眼蓝、水葫芦、水浮莲

形态特征：浮水草本，根系发达而密集，棕黑色，可通过匍匐枝生长分裂的方式克隆新植株。叶片圆形或心形，光亮，质地厚实，两侧微向上卷，叶柄中部膨大成囊状或纺锤形，内部有空气腔。穗状花序，通常具9～12朵花；花被裂片6枚，顶端1片有紫蓝色圆斑，其中心处有黄色圆斑。

福建分布：广泛分布于全省各县市区淡水水域中，水渠、池塘中常见，闽江干流河湾、库区常见密集分布，闽清水口库区发生严重。

中国及全球分布：作为饲料植物引进，但已成为中国危害最重的入侵植物之一，现广泛分布于中国长江、黄河流域及华南地区各省，生于海拔200～1 500m的池塘、沟渠及稻田中。亚洲热带地区已广泛生长。

起源：巴西。

预防、控制和管理措施：①人工打捞或人工释放专食性天敌昆虫水葫芦象甲（*Neochetina eichhorniae*）进行生物防治。②也可选择草甘膦和氯氟吡氧乙酸进行防除。

凤眼莲

凤眼莲花序

66.大薸（*Pistia stratiotes*）

分类地位：天南星科（Araceae）大薸属（*Pistia*）

英文名称：water lettuce

中文别名：水浮萍、大萍叶、水荷莲、肥猪草

形态特征：水生飘浮草本，有浓密的羽状须根。叶簇生呈莲座状，叶形多样，常因发育阶段不同而变化，有倒三角形、倒卵形、扇形以及倒卵状长楔形等，叶片表面被毛，具有疏水性，因此叶片不容易打湿。佛焰苞为白色，外侧有茸毛。

福建分布：全省各地常见，栽培或逸生。

中国及全球分布：在中国福建、台湾、广东、广西、云南各省热带地区野生，湖南、湖北、江苏、浙江、安徽、山东、四川等省份均有栽培。广泛分布于全球热带及亚热带地区。

起源：巴西。

预防、控制和管理措施：最有效的方法是人工打捞，或用暂时排水的方法使之脱离水源而无法生长。

大薸

67.野老鹳草（*Geranium carolinianum* L.）

分类地位：牻牛儿苗科（Geraniaceae）老鹳草属（*Geranium*）

英文名称：carolina geranium

中文别名：斗牛儿苗、福雀草、高山破铜钱、鬼蜡烛

形态特征：一年生直立或仰卧草本，植株有倒向短柔毛。叶片椭圆肾形，掌状5～7裂，裂片再次分裂。花序呈伞形，苞片钻状，萼片长卵形或近椭圆形，花瓣淡紫红色，倒卵形。蒴果表面有短且粗糙的茸毛，果瓣由喙上部先裂向下卷曲。

野老鹳草

野老鹳草花序

福建分布：调查发现福州市闽清县、长乐区，南平市延平区，三明市泰宁县等县市区均有分布。

野老鹳草花

中国及全球分布：有意引进，中国大部分地区均有分布，可能会进一步向西部和南部地区入侵。生于平原和低山荒坡杂草丛中。全球均有分布。

起源：北美洲。

预防、控制和管理措施：①选择2甲4氯、氯氟吡氧乙酸等除草剂用于麦田，或选择草除灵用于油菜田进行化学防除。②检验检疫部门应加强对进口货物、运输工具等可能携带野老鹳草种子的物品的监控排查。

野老鹳草蒴果

68.落地生根［*Bryophyllum pinnatum*（L. f.）Oken］

分类地位：景天科（Crassulaceae）落地生根属（*Bryophyllum*）

英文名称：herb of air-plant、herb of life-plant、herb of floppers

中文别名：灯笼花、叶生根、晒不死

形态特征：多年生肉质草本，叶片圆形至椭圆形，边缘有圆齿，圆齿底部容易长出小芽，芽长大后落地即成一新植株，有此特点而得名“落地生根”。圆锥花序顶生，花下垂，花冠高脚碟形，基部稍膨大，向上呈管状，淡红色或紫红色，像在枝头上挂着小灯笼而有别名“灯笼花”。

福建分布：全省各县市区均有栽培。

中国及全球分布：我国各地有分布，常作观赏栽培，云南、广西、广东、福建、台湾等地已归化并逸为野生。广泛分布于全球热带地区。

起源：马达加斯加共和国。

预防、控制和管理措施：控制在空旷生境引种。如发现逃逸，少量时实施人工铲除；面积大时，可使用草甘膦、2甲4氯等除草剂进行化学防除。

落地生根

69.毛马齿苋（*Portulaca pilosa* L.）

分类地位：马齿苋科（Portulacaceae）马齿苋属（*Portulaca*）

英文名称：kiss me quick

中文别名：多毛马齿苋

形态特征：一年生或多年生的铺散草本。圆柱状线形叶互生，肉质。膜质花瓣有5片，红紫色。蒴果卵球形，蜡黄色。种子小，深褐黑色。

福建分布：宁德市、福州市、泉州市等所属沿海市县均有分布，多生于山坡岩缝中，性耐干旱，喜阳光，有时也生于海边沙地上。

中国及全球分布：在中国福建、台湾、广东、海南、广西、云南等地均有分布，多生于海边沙地及开阔地，性耐旱，喜阳光。菲律宾、马来西亚、印度尼西亚和美洲热带地区均有分布。

起源：热带、亚热带地区。

预防、控制和管理措施：①可选择2甲4氯、灭草松等除草剂进行化学防除。②作为观赏植物进行引种栽培时应严格监控，防止逸生。

毛马齿苋

毛马齿苋花

70.土人参 [*Talinum paniculatum*（Jacq.）Gaertn.]

分类地位：土人参科（Talinaceae）土人参属（*Talinum*）

英文名称：panicled fameflower root

中文别名：锥花土人参、假人参、紫人参

形态特征：多年生直立肉质草本，因地下部分的圆锥形主根粗壮形似人参而得名，叶互生或近对生，倒卵形或倒卵状长椭圆形的叶片稍肉质。圆锥花序通常顶生，花瓣粉红色或淡紫红色，有5个花瓣，排列成五角星。果实橙红色，内含有扁圆形的种子。

福建分布：全省各县市区均有逃逸野生，常见于房前屋后或村落较潮湿地带。有少量栽培种植。

中国及全球分布：在中国中部和南部均有栽植，有的逸为野生，生于阴湿地。非洲西部、亚洲东南部和南美洲热带地区均有分布。

起源：美洲热带地区。

预防、控制和管理措施：严格控制引种，控制好种植区，对于逸生个体及时拔除。发现较大面积逸生时可选择灭生性除草剂进行化学防除。

土人参

土人参蒴果

二、入侵节肢动物、软体动物和龟类

71.红火蚁（*Solenopsis invicta* Buren）

分类地位：膜翅目（Hymenoptera）蚁科（Formicidae）

英文名称：red imported fire ant、the red fire ant

中文别名：入侵红火蚁、红色外来火蚁

形态特征：属于社会性昆虫，包含具生殖能力的雌蚁、雄蚁和工蚁（发育不完全、无生殖能力的雌蚁）。工蚁有腹柄结2个，膝状触角10节，末2节呈锤棒状；唇基两侧有纵脊向前延伸成齿。雌蚁体长8 ~ 10mm，触角11节，翅2对，头部细小，头及胸部棕褐色，腹部黑褐色，胸腹节不具刺或齿；雌蚁婚飞交配后落地，翅脱落结巢成为蚁后。雄蚁体长7 ~ 8mm，体黑色，着生翅2对，触角12节，头部细小，触角呈丝状，胸部发达，前胸背板显著隆起。

福建分布：2005年9月首次在龙岩市石铭村发现。目前分布地点包括：福州市台江区、仓山区、马尾区、晋安区、长乐区、闽侯县、连江县、罗源县、闽清县、永泰县、平潭县、福清市；厦门市海沧区、湖里区、集美区、同安区、翔安区；莆田市城厢区、涵江区、荔城区、秀屿区、仙游县；三明市三元区、明溪县、清流县、宁化县、大田县、尤溪县、沙县区、将乐县、泰宁县、永安市；泉州市鲤城区、丰泽区、洛江区、泉港区、惠安县、安溪县、永春县、德化县、石狮市、晋江市、南安市；漳州市芗城区、龙文区、云霄县、漳浦县、诏安县、长泰区、东山县、南靖县、平和县、华安县、龙海区；南平市延平区、建阳区、顺昌县、松溪县、邵武市、武夷山市、建瓯市；龙岩市新罗区、永定区、长汀县、上杭县、武平县、连城县、漳平市；宁德市蕉城区、霞浦县、古田县、屏南县、周宁县、福安市等县市区。

中国及全球分布：中国台湾省2003年10月报道首例红火蚁入侵事件，现在台湾、香港、澳门、海南、江西、四川、广东、广西、福建、湖南等地均有分布。北美洲、亚洲、欧洲等大部分地区都存在入侵现象。

起源：南美洲巴拉那河流域。

预防、控制和管理措施：①加强检疫。严格检查来自疫区的苗木及携带的土壤，还有包装箱和工具等，如发现该物种立刻用熏蒸剂熏蒸处理。②发现蚁巢后可用灌水、碾压、火烧、烟熏、沸水浇灌等方法处理。③可药液灌巢灭杀和配制毒饵施放诱杀，目前有效的化学药剂主要有硫氟磺酰胺、苯氧威、阿维菌素、吡虫啉等，也可利用多杀菌素配制防治红火蚁的专用饵剂进行诱杀。

红火蚁

72.烟粉虱［*Bemisia tabaci*（Gennadius）］

分类地位：半翅目（Hemiptera）粉虱科（Aleyrodidae）

英文名称：cotton whitefly、sweet potato whitefly、tobacco whitefly

中文别名：棉粉虱、甘薯粉虱、小白蛾

形态特征：成虫体长0.80～0.95mm，虫体淡黄白色到白色，触角发达，共7节；翅白色，无斑点，被有蜡粉。卵散产，呈梨形，有小柄，与叶面垂直，卵初产时淡黄绿色，后白色至黄色。若虫共4龄，一龄有触角和足，能爬行，腹末端有1对明显的刚毛，淡绿色至黄色，可透见2个黄色点；二、三龄若虫足和触角退化至仅1节，体缘分泌蜡质物，固着为害；四龄若虫又称伪蛹，淡绿色或黄色，长0.6～0.9mm，蛹壳边缘扁薄或自然下陷，周缘无蜡丝，胸气门和尾气门外常有蜡缘饰，管状肛门孔后端有5～7个瘤状突起。

烟粉虱成虫及卵

烟粉虱若虫

烟粉虱成虫

福建分布：全省各县市区均广泛分布。

中国及全球分布：中国最早记载于1949年，仅分布在云南、台湾等地，为A型。1997年B型烟粉虱在广东东莞大发生，到2001年已扩散到全国22个省份，严重危害蔬菜、棉花、花卉等。2003年Q型烟粉虱在中国云南首次被发现，5年后就已经大范围取代B型烟粉虱，成为中国主要的入侵烟粉虱种类。目前在亚洲、非洲、欧洲、南美洲、大洋洲、北美洲中部等均有分布。

起源：印度半岛或非洲北部到中部地区。

预防、控制和管理措施：①加强植物检疫。禁止烟粉虱发生区域的花卉和蔬菜运往未发生区域。②通过清洁田园和轮作换茬，切断烟粉虱的自然生活史；在冬季低温时揭棚，控制烟粉虱的越冬基数。③使用黄板诱杀或覆盖防虫网。④选择螺虫乙酯、吡虫啉、阿维菌素和矿物油等药剂进行喷雾防治，在若虫期施药可显著提高防效。

73.温室白粉虱［*Trialeurodes vaporariorum*（Westwood）］

分类地位：半翅目（Hemiptera）粉虱科（Aleyrodidae）

英文名称：greenhouse whitefly、glasshouse whitefly

中文别名：温室粉虱、茉莉白粉虱

形态特征：成虫体长0.9 ~ 1.3mm，淡黄色至白色；复眼赤红色，触角丝状；雌雄均有翅，翅面覆盖白蜡粉。卵长约0.2mm，侧面观长椭圆形，基部有卵柄，从叶背的气孔插入植物组织中；初产淡绿色，覆有蜡粉，后渐变褐色，孵化前呈黑色。若虫共4龄，长椭圆形，淡绿色或黄绿色，足和触角退化，紧贴在叶片上营固着生活；四龄若虫长0.7 ~ 0.8mm，椭圆形，初期体扁平，逐渐加厚呈蛋糕状（侧面观），黄褐色，体背有长短不齐的蜡丝，体侧有刺。

福建分布：全省大部分县市区均广泛分布。

温室白粉虱

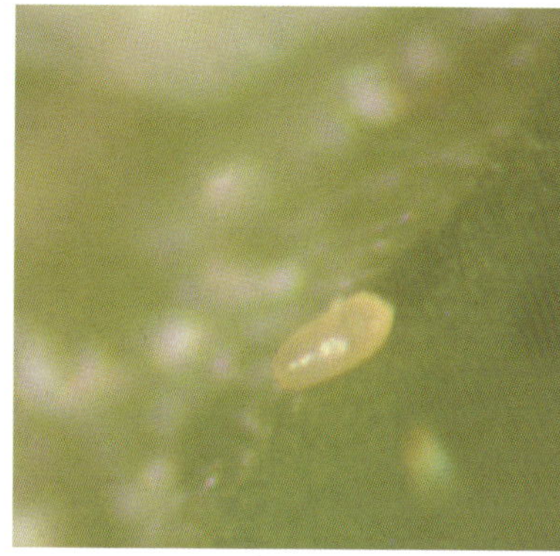

温室白粉虱卵

温室白粉虱成虫

中国及全球分布：无意引进，中国东北、华北、华东和西北各地普遍发生。温室白粉虱广泛分布于欧洲、亚洲、非洲、美洲及大洋洲等的50多个国家与地区。

起源：巴西、墨西哥一带。

预防、控制和管理措施：①培育“无虫苗”，清除田间杂草、残株，通风口增设尼龙纱或防虫网等，合理种植，避免混栽。②人工释放丽蚜小蜂和中华草蛉等天敌可防治白粉虱。③利用白粉虱强烈的趋黄习性，将黄板挂于蔬菜植株行间，诱杀成虫。④在发生早期，虫口密度较低时可选择施用噻嗪酮、联苯菊酯、溴氰菊酯、三氟氯氰菊酯等药剂进行防治。

74.螺旋粉虱（*Aleurodicus dispersus* Russell）

分类地位：半翅目（Hemiptera）粉虱科（Aleyrodidae）

英文名称：spiraling whitefly

形态特征：成虫翅面覆有白粉，前翅有翅斑或无翅斑，腹部两侧具有蜡粉分泌器，雌成虫体长1.55～1.75mm，雄成虫体长1.55～2.46mm。雌虫产卵于叶背，卵粒散列呈特殊螺旋状，且有白色蜡粉。卵呈半透明无色，大小为0.29mm×0.11mm，长椭圆形，表面光滑，基部有卵柄，逐渐发育变为黄色。若虫共4龄，各龄初蜕皮时均透明无色、扁平状，一龄若虫具触角与足，其他龄期若虫触角与足均退化。

福建分布：漳州市零星分布。

中国及全球分布：无意引入，目前中国南方的大部分地区都有分布。北美洲、非洲以及东南亚和太平洋诸岛屿等地区均有分布。

螺旋粉虱为害番石榴

螺旋粉虱为害木薯

起源：中美洲。

预防、控制和管理措施：①利用恩蚜小蜂进行生物防治，对螺旋粉虱防控效果最好。②采用浅桃红色光源诱捕或悬挂黄板诱捕，对螺旋粉虱的诱集效果良好。③可喷洒高效氯氰菊酯进行化学防治。

75.美洲斑潜蝇（*Liriomyza sativae* Blanchard）

分类地位：双翅目（Diptera）潜蝇科（Agromyzidae）

英文名称：vegetable leafminer、cabbage laefminer、tomato leafminer

中文别名：蔬菜斑潜蝇、苜蓿斑潜蝇、甘蓝斑潜蝇

形态特征：成虫较小，体长1.3 ~ 2.3mm，浅灰黑色，胸背板亮黑色，体腹面黄色，雌虫体比雄虫大。卵米色，半透明。幼虫蛆状，初无色，后变为浅橙黄色至橙黄色，长约3mm。

福建分布：1995年开展疫情调查时，发现全省基本已普遍发生。现全省各县市区均有发生。

中国及全球分布：无意引进，最早于1993年在中国海南三亚发现，目前已遍布除西藏以外的中国所有省份。南美洲、北美洲、非洲、亚洲等均有分布。

起源：南美洲。

预防、控制和管理措施：①考虑蔬菜布局，把美洲斑潜蝇嗜好的瓜类、茄果类、豆类与其不危害的作物进行套种或轮作；收获后及时清洁田园，将受美洲斑潜蝇危害作物的残体集中深埋或销毁。②根据美洲斑潜蝇的趋黄习性，利用黄板诱杀或灭蝇纸诱杀。③使用杀螟丹、杀虫双等药剂的防治效果明显。

美洲斑潜蝇幼虫

美洲斑潜蝇为害状

④可利用寄生蜂进行美洲斑潜蝇生物防治。

76. 南美斑潜蝇（*Liriomyza huidobrensis* Blanchard）

分类地位：双翅目（Diptera）潜蝇科（Agromyzidae）

英文名称：serpentine leafminer、pea learminer、south American leafminer

中文别名：拉美豌豆斑潜蝇、拉美甜菜斑潜蝇、黑腿斑潜蝇

形态特征：成虫翅长1.7 ~ 2.25mm；额明显突出于眼，橙黄色，上眶稍暗，上眶鬃2对，下眶鬃2对，颊长为眼高的1/3；中胸背板黑色稍亮；足基节黄色具黑纹，腿节基本黄色但具黑色条纹直到几乎全黑色，胫节、跗节棕黑色。幼虫体白色，后气门突具6 ~ 9个气孔开口。蛹初期呈黄色，后颜色逐渐加深直至呈深褐色，比美洲斑潜蝇颜色深且体形大。

南美斑潜蝇成虫

福建分布：全省各县市区

南美斑潜蝇为害状

南美斑潜蝇为害状后期

均广泛分布。

中国及全球分布：1993年首次在中国云南花卉市场发现，目前全国大部分地区均有分布。全球分布在美国、巴西、加拿大、巴拿马、墨西哥、智利、古巴等30多个国家和地区。

起源：阿根廷、秘鲁、巴西等南美洲国家。

预防、控制和管理措施：①潜蝇茧蜂的自然寄生率较高，可用于防控南美斑潜蝇。②严格检疫，防止该虫向未发生区域蔓延；将南美斑潜蝇喜食的豆类与南美斑潜蝇不喜食的辣椒、番茄、茄子等间作。③及时清理植株落叶，深翻耕并灌水灭虫；利用黄板诱杀，也可用灭蝇纸诱杀。④可选择乙基多杀菌素、阿维菌素等药剂进行化学防治。

77.橘小实蝇［*Bactrocera dorsalis*（Hendel）］

分类地位：双翅目（Diptera）实蝇科（Tephritidae）

英文名称：oriential fruit fly

中文别名：柑橘小实蝇、东方果实蝇、橘寡鬃实蝇、黄苍蝇、果蛆

形态特征：成虫体长7～8mm，翅透明，有三角形翅痣；身体深黑色和黄色相间，胸部背面大部分黑色，黄色的U形斑纹十

分明显；腹部黄色，第一、二节背面各有一条黑色横带，从第三节开始中央有1条黑色的纵带直抵腹端，构成一个明显的T形斑纹。卵梭形，乳白色。幼虫蛆形，无头无足，老熟时体长约10mm，黄白色。蛹为围蛹，椭圆形，长约5mm，全身黄褐色。

橘小实蝇成虫

橘小实蝇幼虫

福建分布：全省各县市区均广泛分布。

中国及全球分布：中国台湾、云南、广东、广西、贵州、海南、福建、四川等地均有分布。橘小实蝇的分布中心在东南亚，日本、印度、泰国、菲律宾、马来西亚、缅甸等亚洲国家均有分布，美国、澳大利亚等也有分布，为广泛分布的热带、亚热带害虫，温带地区也是其扩散范围。

起源：亚洲热带和亚热带地区。

预防、控制和管理措施：①严格检疫检查，防止幼虫随果实或蛹随园土传播。一旦发现疫情，可用熏蒸剂熏蒸。②及时清除虫害落果，销毁或深埋虫果，以免害虫羽化。③在敌百虫溶液中加入红糖制成毒饵喷洒诱杀；或利用甲基丁香酚与马拉硫磷引诱诱杀；也可用水解酵母蛋白与马拉硫磷毒饵于成虫发生期喷雾树冠诱杀。④于实蝇幼虫入土化蛹时或成虫羽化始盛期在果园地面喷洒马拉硫磷进行防治。⑤果实套袋能有效阻止橘小实蝇在果实内产卵。

78.瓜实蝇（*Zeugodacus cucuribitae*）

分类地位：双翅目（Diptera）实蝇科（Tephritidae）

英文名称：melon fly、melon fruit fly

中文别名：黄瓜实蝇、瓜蛆、瓜小实蝇

形态特征：成虫体长8 ~ 9mm，呈淡黄褐色至淡赤褐色，额狭窄，两侧平行；前胸左右及中、后胸有黄色的纵带纹；腹部第一、二节背板全为淡黄色或棕色，无黑斑带，第三节基部有1条黑色狭带，第四节起有黑色纵带纹；膜翅透明，前翅有暗褐色斑纹。卵细长，两段尖，略弯曲呈圆筒状，乳白色，长1.1 ~ 1.4mm。幼虫蛆状，三龄前期呈乳白色，后期老熟幼虫呈黄色。拟蛹长4.8 ~ 6.0mm，黄褐色，圆筒形。

福建分布：全省各县市区均广泛分布。

中国及全球分布：中国江苏、福建、湖南、四川、贵州、云南、广西、广东、台湾、海南、香港等地为主要分布区域。主要分布于东南亚热带地区及埃及、肯尼亚和坦桑尼亚等。

起源：印度和斯里兰卡。

预防、控制和管理措施：①清洁田园，加强检查，及时摘除并收集落地烂瓜后集中处理，减少虫源。②在严重危害的地区，可采用套袋护瓜办法以防成虫产卵危害。在规模种植区，可安装频振式杀虫灯开展灯光诱杀。③利用成虫趋化性，用香蕉皮、菠萝皮、南瓜或甘薯等与敌百虫按一定比例调成糊状毒饵诱杀，也可用性引诱剂诱杀成虫。或在成虫盛发期，于中午或傍晚喷施溴氰菊酯或敌敌畏进行防治。

瓜实蝇

79.扶桑绵粉蚧（*Phenacoccus solenopsis* Tinsley）

分类地位：半翅目（Hemiptera）粉蚧科（Pseudococcidae）

英文名称：solenopsis mealybug

中文别名：棉花粉蚧

形态特征：雌成虫卵圆形，刚蜕皮时淡绿色，体长约2.77mm，宽1.30mm；体被白色厚实蜡粉，胸、腹背面可见成对黑色斑点，其中胸部1对，腹部3对；体缘蜡突明显，其中腹部末端2～3对较长。雄成虫虫体较小，黑褐色，长约1.24mm，宽约0.30mm，口器退化；触角丝状10节，每节上均有数根短毛；具1对发达透明前翅，翅脉简单，其上附着一层薄薄的白色蜡粉，后翅退化为平衡棒；足细长，发达；腹部较细长，末端具有2对白色长蜡丝，交配器突出呈锥状。卵产在白色棉絮状的卵囊里，初产卵橘色，孵化前变粉红色。若虫分3龄，体色呈浅棕色或棕绿色，可分泌柔软的丝状物包裹身体，从而进入蛹期，蛹包裹于松软的白色丝茧中，剥去丝茧可见蛹态为离蛹，浅棕褐色。

扶桑绵粉蚧

扶桑绵粉蚧为害扶桑

福建分布：全省各县市区均广泛分布。

中国及全球分布：无意引入，2008年在中国广州首次发现，2009年在海南、广东、广西、云南、福建、江西、湖南和浙江等地棉花上均有发现，目前在新疆、河北、上海、江苏等地也有分布。在北美洲和南美洲多数国家，非洲、亚洲部分国家以及意大利那不勒斯等有分布。

起源：北美洲。

预防、控制和管理措施：①加强检疫，扶桑绵粉蚧雌成虫活动能力有限，及时做好预测预报，及时发现，及早防治。②及时铲除农田内外杂草，整地时消灭蚂蚁群。③可利用瓢虫、草蛉、松粉蚧抑虱跳小蜂等天敌进行生物防治。④可选择吡虫啉等化学药剂进行喷药防治。

80. 木瓜秀粉蚧（*Paracoccus marhinatus* Williams and Granara de Willink）

分类地位：半翅目（Hemiptera）粉蚧科（Pseudococcidae）

英文名称：papaya mealybug

中文别名：木瓜秀粉蚧、木瓜介壳虫

形态特征：雌成虫椭圆形，嫩黄色，体长1.3～1.6mm，宽0.7～0.9mm，体被白色薄蜡膜，体缘蜡丝发达，腹面有横向褶皱；雌虫卵囊覆盖蜡丝，触角8节，口器发达，足发达，无爪齿，爪冠毛和跗冠毛均端部膨大，且长于爪；腹脐1个，较大，呈宽椭圆形，位于第三和第四腹节之间；尾瓣稍突，腹面有硬化棒，臂瓣端毛长于肛环毛。卵黄绿色，产在由蜡丝形成的卵囊里，每卵囊有卵100～600粒。雌虫若虫有3龄期，雄虫若虫有4龄期，一龄至三龄为黄色，四龄（伪蛹）时形成白色长筒茧，伪蛹变粉色。

木瓜秀粉蚧雌虫

木瓜秀粉蚧雄虫

木瓜秀粉蚧为害状

福建分布：调查发现福州市鼓楼区、台江区、晋安区、仓山区、马尾区、闽侯县等零星种植木瓜的住宅小区多有分布，漳州市有分布危害木瓜。

中国及全球分布：无意引进，中国最早于2010年在台湾的木瓜等12种植物上发现，之后在云南、海南等地发现。在美国、澳大利亚及中美洲、南美洲、非洲和亚洲等地均有分布。

起源：中美洲的伯利兹、危地马拉、哥斯达黎加等地。

预防、控制和管理措施：①加强检疫监管，杜绝该种随水果、种苗等传入中国并进一步扩散。②利用瓢虫、草蛉、食蚜蝇等天敌进行生物防治。③可选择苦楝油、肉桂油、印楝素等植物提取物或马拉硫磷等化学药剂进行防治。

81.吹绵蚧（*Icerya purchasi* Maskell）

分类地位：半翅目（Hemiptera）绵蚧科（Margarodidae）

英文名称：australian bug

中文别名：吹绵介壳虫、绵团蚧、白蚰、白蜱

形态特征：雌成虫橘红色，椭圆形，长4～7mm、宽3～3.5mm，腹面扁平，背面隆起，呈龟甲状；体外被有白色而微黄的蜡粉及絮状蜡丝；腹末具白色U形卵囊，囊有隆脊线15条。雄成虫体小细长，橘红色，长约2.9mm，黑色前翅长而狭，后翅变为匙形平衡棒，腹部末端有两个突起；口器退化。卵长椭圆形，初产为橙黄色，渐变橘红色。初孵若虫卵圆形，橘红色，附肢与体多毛，体被淡黄色蜡粉及蜡丝，触角黑色6节，足黑色。若虫二龄后雌雄异形，雌若虫椭圆形，深橙红色，背面隆起，散生黑色小毛，蜡粉及蜡丝减少，雄若虫体狭长，体被薄蜡粉；三龄雌若虫体色暗淡，触角9节，口器及足均黑色；仅雄虫有蛹期，三龄雄若虫为预蛹，椭圆形，橘红色，口器退化，具附肢和翅芽。茧长椭圆形，白色，外窥可见内部蛹体。

吹绵蚧

吹绵蚧成虫

福建分布：福州市、南平市等地柑橘园零星分布。

中国及全球分布：1904年中国首次在台湾的柑橘上发现吹绵蚧，目前全国大部分省份均有分布，长江以北只在温室危害，南方各省危害严重。国外分布于日本、朝鲜、菲律宾、印度尼西亚和斯里兰卡，欧洲、非洲、北美洲也有分布。

吹绵蚧为害状

起源：澳大利亚。

预防、控制和管理措施：①随时检查，用手或用镊子捏去雌虫和卵囊，或剪去虫枝、虫叶，集中销毁。②可在果园释放大红瓢虫、澳洲瓢虫等捕食吹绵蚧。③在吹绵蚧发生面积不大，仅个别植株受害严重且幼虫数量多又无瓢虫时，可选择噻嗪酮、氯虫·啶虫脒等药剂进行化学防治。

82.稻水象甲（*Lissorhoptrus oryzophilus* Kuschel）

分类地位：鞘翅目（Coleoptera）象甲科（Curculionidae）

英文名称：rice water weevil、root-maggot

中文别名：稻水象、稻根象

形态特征：成虫体长2.6 ~ 3.8mm，背面密布灰色鳞片；头喙端部、前胸背板、眼四周及腹部被黄色圆形鳞片；鞘翅明显具肩，肩斜，翅端平截或稍凹陷，行纹细不明显，每行间被至少3行鳞片；腿节棒状不具齿，胫节细长弯曲。稻水象甲成虫有两性生殖型和孤雌生殖型，发生在中国的均属孤雌生殖型。卵长约0.8mm，圆柱形，两端圆略弯，珍珠白色。老熟幼虫体长约10mm，白色，无足；头部褐色，体呈新月形。蛹白色，大小、形状近似成虫，在似绿豆形的土茧内。

稻水象甲成虫

稻水象甲蛹

稻水象甲幼虫

福建分布：在宁德市霞浦县、福鼎市，南平市邵武市等县市区局部分布。

中国及全球分布：中国于1988年首次在河北唐山发现，现在中国辽宁、吉林、黑龙江、新疆、北京、河北、内蒙古、天津、

稻水象甲为害状

稻水象甲为害水稻叶片

山东、陕西、山西、浙江、安徽、江苏、江西、湖南、湖北、贵州、福建、广东、广西、台湾等地均有分布。韩国、朝鲜、美国、墨西哥、古巴、多米尼加、哥伦比亚、圭亚那等均有分布。

起源：美国密西西比河流域。

预防、控制和管理措施：①严禁从疫区调运可携带传播该虫的物品。对来自疫区的交通工具、包装填充材料应严格检查，必要时做灭虫处理。②结合田间管理，清除杂草，消灭越冬成虫；收获后及时翻耕土地，降低越冬成虫存活率；实行水旱轮作。③应用白僵菌、绿僵菌和线虫对成虫进行防治，也可在稻田放养鸭子进行防治。④利用该虫趋光性，可在田间设置黑光灯进行诱杀。⑤选用氯虫苯甲酰胺、氟虫双酰胺和阿维菌素等进行化学防治。

83.红棕象甲［*Rhynchophorus ferrugineus*（Oliver）］

分类地位：鞘翅目（Coleoptera）象甲科（Curculionidae）

英文名称：red plam weevil、Indian palm weevil

中文别名：锈色棕榈象、亚洲棕榈象

形态特征：成虫体长30～35mm，宽12mm左右，身体红褐色，光亮或暗。头部前端延伸成喙，雄虫的喙粗短且直，喙背有一丛毛；雌虫喙较细长且弯曲，喙和头部的长度约为体长的1/3；

背上有6个小黑斑排列两行，前排3个较小，后排3个较大；鞘翅较腹部短，腹末外露；身体腹面黑红相间，足黑色；触角柄节和索节黑褐色，棒节红褐色。卵乳白色，长椭圆形，表面光滑。幼虫体长40 ~ 45mm，黄白色，头暗红褐色，体肥胖，纺锤形，胸足退化。初蛹乳白色，后逐渐变褐色。茧呈长椭圆形，由树干纤维构成。

红棕象甲成虫

红棕象甲幼虫

红棕象甲蛹

红棕象甲为害状

福建分布：福州市平潭县、泉州市南安市等棕榈苗木或行道树上时有发生。

中国及全球分布：中国海南、广东、广西、香港、云南、福建、台湾、四川、重庆、贵州、江西、浙江、上海和西藏等地均有红棕象甲危害。该虫主要分布在南亚、东亚以及中东地区、太平洋诸岛及地中海沿岸的部分国家和地区。

起源：印度。

预防、控制和管理措施：①加强检疫，加强棕榈科植物调运管理，杜绝购入有虫植株。②人工捕捉，或利用其假死性，敲击茎干将其振落捕杀。可用沥青涂封或用泥浆涂抹植株上的孔穴或伤口，防止成虫产卵。清除被害植株，避免成虫羽化后外出扩散繁殖。③选择氯氰菊酯进行整株淋灌，让药液浸透到茎干内杀死害虫（灌药时如有成虫或幼虫从虫孔爬出，立即捕捉集中销毁）。

84.椰心叶甲［*Brontispa longissima*（Gestro）］

分类地位：鞘翅目（Coleoptera）叶甲科（Chrysomelidae）

英文名称：coconut leaf beetle、coconut hispid beetle、palm leaf beetle

中文别名：红胸叶甲、椰长叶甲、椰棕扁叶甲

形态特征：成虫体扁平狭长，头部红黑色，体长8～10mm，宽约2mm，头顶背面近方形；触角粗线状，11节；前胸背板黄褐色，略呈方形，长宽相当，具有不规则的粗刻点，中央有1个大黑斑，鞘翅两侧基部平行，后渐宽，中后部最宽，往端部收窄，末端稍平截，中前部有8列刻点，中后部10列，刻点整齐；鞘翅颜色因分布地不同而有所不同，呈红黄色或蓝黑色；足红黄色，粗短，跗节4节。雌虫腹部第五节可见腹板为椭圆形，产卵期为不封闭的半圆形小环；雄虫腹部第五节为尖椭圆形。卵长约1.5mm，宽约1.0mm，椭圆形，两端宽圆；卵壳表面有细网纹，褐色。幼虫3～6龄，白色至乳白色。蛹浅黄至深黄色，长约10.0mm，宽约2.5mm，与幼虫相似，头部具1个突起，腹部第二至七节背面具8个小刺突，分

椰心叶甲

椰心叶甲卵

椰心叶甲老熟幼虫

椰心叶甲成虫

别排成两横列，第八腹节刺突仅有2个靠近基缘，腹末具1对钳状尾突。

福建分布：泉州市惠安县、漳州市漳浦县以及厦门市等的棕榈苗木或行道树上时有发生。

中国及全球分布：台湾、香港、海南、广东、广西、福建和云南等地均有分布。椰心叶甲广泛分布于太平洋群岛及东南亚等热带和亚热带棕榈科植物种植区，如越南、泰国、印度尼西亚、澳大利亚、巴布亚新几内亚等国家均有分布。

起源：印度尼西亚或巴布亚新几内亚。

预防、控制和管理措施：①加强检疫，对植株和装载容器如集装箱、纸箱等进行检查，若发现虫情，应立即销毁或熏蒸处理。严格控制从外地调入植株并对输出地棕榈科植物检疫证书管理查验。②加强普查与检测，每年开展一次全面检查，查清椰心叶甲的发生地点、面积、感染范围和危害程度。③采用药剂喷雾法或挂包法，让药剂随雨水或人工淋水自然流到害虫危害部位从而杀死害虫。④可在田间释放椰甲截脉姬小蜂和椰扁甲啮小蜂防控椰心叶甲。

85.水椰八角铁甲（*Octodonta nipae* Maulik）

分类地位：鞘翅目（Coleoptera）铁甲科（Hispidae）

英文名称：nipa palm hispid beetle

中文别名：暂无

形态特征：成虫体长5.7～7.1mm，体宽2mm左右；头顶宽阔，在眼间呈方形隆起，被粗大刻点，前侧角突出，中央有1条纵沟；触角11节，第一节粗壮，被粗刻点，之后各节刻点微细、光亮；前胸背板近方形，侧缘内凹；四角向外突出，每个角具一凹陷并形成2个齿，名称里的八角由此而来；鞘翅狭长，除小盾片外，有8行排列整齐粗大的刻点；腹部可见5节，雌虫末节端缘完整，雄虫末节端缘中央明显内凹。卵呈长筒形或椭圆形，初期黄色且半透明，后变为褐色；卵壳表面有蜂窝状突起。幼虫体扁平，乳白色，头顶有一中纵沟；具3对胸足，腹足缺；腹部9节，两侧有1对棘状侧突，腹部具气门8对。蛹较粗壮，出现翅芽、足、触

水椰八角铁甲成虫

水椰八角铁甲卵

水椰八角铁甲幼虫

水椰八角铁甲蛹

角；头顶有1对角状突，近末端有小齿，前胸背板八角未显露，只有8根毛。

福建分布：福州市马尾区、平潭县，泉州市惠安县，漳州市芗城区、漳浦县，厦门市等地棕榈苗圃或行道树上时有发生。

中国及全球分布：中国海南、广西、广东、云南、福建、浙江、台湾等地均有分布。国外主要分布在泰国、马来西亚等国。

起源：马来西亚。

预防、控制和管理措施：①加强检疫。加大棕榈科植物种植区的疫情监管力度，一旦发现病死树，及时伐除，对树干进行熏蒸处理，将枯死树枝及时销毁。②田间发生时可选用高效氯氰菊酯、吡虫啉、辛硫磷以及甲萘威等农药进行防治。③生物防治。可用绿僵菌、赤眼蜂等进行生物防治。

86.烟草甲［*Lasioderma serricorne*（Fabricius）］

分类地位：鞘翅目（Coleoptera）窃蠹科（Anobiidae）

英文名称：cigarette beetle

中文别名：苦丁菜蛀虫、烟草窃蠹、烟草标本虫

形态特征：成虫体长2.5 ~ 3.0mm，体呈宽椭圆形，背面显著隆起，黄褐色至赤褐色，有光泽，密生黄白色细毛；头部宽大，复眼大呈圆形，黑色；触角11节，通常隐蔽在头部腹面的圆形触角窝内；鞘翅及其侧缘散布无规则的微小刻点和细毛，鞘翅侧缘盖住腹部两侧，末端圆形，无刻点；足短小，前足胫节端部膨大。卵长椭圆形，浅黄白色，表面光滑，一端有若干微小突起。幼虫蛴螬形，头部褐黄色，胴部多皱纹，白色至浅黄白色，密生黄色

细长毛。蛹椭圆形，乳白色，复眼黑色，头隐于腹面，前胸背板后缘角突向两侧，雄蛹腹末圆锥形，雌蛹腹末有1对刺突。

烟草甲成虫

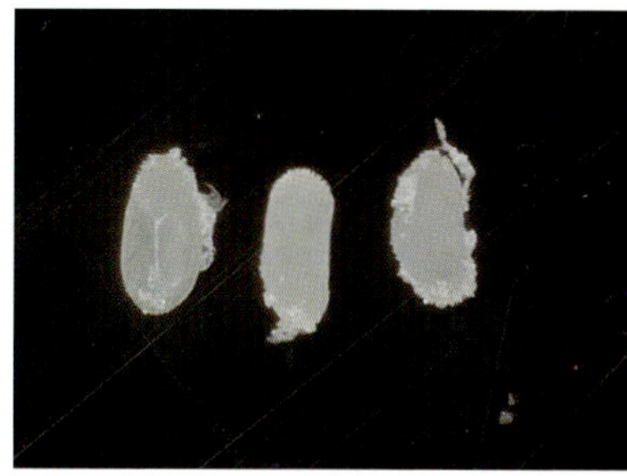

烟草甲卵

烟草甲蛹

烟草甲幼虫

福建分布：全省各县市区均有分布，卷烟厂、烟草复烤厂、收购站等地发生严重。

中国及全球分布：仓储害虫，1931年在中国台湾省有烟草甲的记载，目前国内除青海、宁夏未发现外，其他各地均有发生。烟草甲在全球各地均有分布。

起源：美洲温热地带。

预防、控制和管理措施：①加强仓储管理，注意仓库内清洁，新旧粮食不宜混放。寒冷地区冬季可将仓库温度降至–3℃冻死幼虫。烟叶入库时要严格检查虫情，先行杀虫处理后入库。②利用烟草甲性诱捕器对其进行监测，以确定防治适期及防治措施。

③通过人为改变仓内空气气体成分（如向密闭烟垛充CO_2或N_2等）抑制害虫发生；可在仓库内安装诱虫灯，杀灭害虫，减少虫体对贮烟的污染。④可用保幼激素类似物，打破害虫生活周期，使幼虫不能正常化蛹。

87.四纹豆象［*Callosobruchus maculatus*（Fabricius）］

分类地位：鞘翅目（Coleoptera）豆象科（Bruchidae）

英文名称：cowpea weevil

中文别名：暂无

形态特征：成虫体长2.5～4.0mm，卵形；触角11节，略呈锯齿状；前胸背板圆锥形，褐色，散布稀疏刻点，疏生金黄色毛，后缘中央的瘤状隆起上密生白毛；小盾片方形，密生白毛；鞘翅长度略大于其宽度，肩胛明显，具10条刻点行，刻点较粗深而明显，鞘翅底色为黄褐色，一般在鞘翅上有4个黑斑纹；后足腿节腹面有两个隆脊，近端各有一齿，外缘齿突大而钝，内缘齿突小而尖。卵椭圆形，扁平，长0.4～0.8mm，乳白色。末龄幼虫体长3.0～4.6mm，淡黄白色，身体肥胖弯曲呈C形；头部除上颚黑色外，其余均为白色；腹部由10节组成；气门颇小，环状，微骨化；足3节，无爪，呈退化状。蛹长3.2～5.0mm，椭圆形，乳白色或淡黄色，体背细毛。

四纹豆象成虫

四纹豆象卵

福建分布：福州市、泉州市、南平市等地绿豆、大豆等豆类仓储过程中时有发生。

四纹豆象为害状

中国及全球分布：1997年在浙江首次发现，目前在中国广东、福建、云南、湖南、江西、山东、河南、天津、浙江、湖北、广西等地均有分布。现已传至欧洲、非洲、大洋洲等地。

起源：无确切发源地，文献记录为东半球的热带或亚热带地区。

预防、控制和管理措施：检疫检查时，检查豆粒有无白色卵粒或四纹豆象为害特有的羽化孔，放大镜检查豆粒上有无幼虫钻入孔，或用X射线检查豆粒有无幼虫、蛹或成虫。一旦发现，可采取熏蒸剂熏蒸、高频或微波炉加热处理包装物的方法等。田间也要适时适量地喷洒杀虫剂以防其危害。

88.草地贪夜蛾［*Spodoptera frugiperda*（Smith）］

分类地位：鳞翅目（Lepidoptera）夜蛾科（Noctuidae）

英文名称：fall armyworm

中文别名：秋黏虫、伪黏虫、秋行军虫、草地夜蛾

形态特征：成虫翅展32～40mm，前翅灰色至深棕色，具黑斑和浅色暗纹，翅痣呈明显的灰色尾状突起。卵呈半球形，通常100～300粒卵堆积成块状，卵上有鳞毛覆盖，初产浅绿色或白色，孵化前为棕色至黑色。幼虫6龄，初孵幼虫全身绿色，具黑线和斑点；随着各龄幼虫生长发育，体色仍可保持绿色或转成淡黄色、土黄色，且具黑色背中线和气门线；低龄幼虫体色呈绿色或黄色，体长6～9mm，头呈黑色或橙色；老熟幼虫体长35～50mm，多呈棕色，

头部具黄白色倒Y形斑；幼虫腹部末节有呈正方形排列的4个黑斑；幼虫体表有许多纵横条纹，背中线黄色，背中线两侧各有1条黄色纵条纹，条纹外侧依次是黑色、黄色纵条纹。蛹呈椭圆形，红棕色。老熟幼虫在土壤蛹室或土沙粒包裹的蛹茧中化蛹。

草地贪夜蛾成虫（上为雌虫、下为雄虫）

草地贪夜蛾卵

草地贪夜蛾幼虫

草地贪夜蛾蛹

草地贪夜蛾为害状

福建分布：全省各县市区玉米田块广泛分布。

中国及全球分布：草地贪夜蛾于2018年12月首先入侵云南，至2019年10月，已扩散到中国华南、西南、华中、华东、西北等的26个省份，并可在我国热带、亚热带地区周年繁殖，对我国的玉米生产及粮食安全构成巨大威胁。目前该虫广泛分布于美洲大陆，欧洲大陆也有分布；含中国在内的至少9个亚洲国家和非洲的46个国家或地区也均有分布。

起源：美洲热带和亚热带地区。

预防、控制和管理措施：①加强监测预警。布设高空测报灯、性诱捕器等监测设备，开展大区联合监测，以玉米为重点。②在成虫发生高峰期，采取高空诱虫灯诱杀、性诱捕器诱杀以及食物诱杀等措施诱杀成虫。定点定人定田，加强系统观测和大田普查。③采用球孢白僵菌、金龟子绿僵菌、苏云金杆菌和短稳杆菌等生物制剂在早期预防幼虫。④抓住幼虫低龄期实施统防统治和联防联控，对分散发生区实施重点挑治和点杀点治，可选择乙基多杀菌素、茚虫威、甲维盐、虱螨脲、虫螨腈、氯虫苯甲酰胺、四唑虫酰胺等药剂进行防治。

89.南洋臀纹粉蚧（*Planococcus lilacinus* Cockerell）

分类地位：半翅目（Hemiptera）粉蚧科（Pseudococcidae）

英文名称：coffee mealybug、oriental cacao mealybug

中文别名：紫粉蚧、南洋刺粉蚧

形态特征：雌成虫体长1.3 ~ 2.5mm，宽0.8 ~ 1.8mm，呈淡棕红色、紫红色、紫褐色或棕黄色，体表覆白色蜡粉状分泌物，各体节背部蜡粉呈块状，侧面观如半球；体背部中央纵线较宽，去除蜡粉后的虫体为淡棕黄色；触角8节；体侧具18对蜡丝，蜡丝几乎等长，约为体长的1/8；蜡丝基部宽阔，端部渐尖，体后缘2 ~ 3对蜡丝常弯曲，其余蜡丝直形。卵胎生，或卵期不足1d；一龄若虫绛

南洋臀纹粉蚧一龄若虫

南洋臀纹粉蚧二龄若虫

南洋臀纹粉蚧四龄若虫

南洋臀纹粉蚧雌若虫

紫色或褐红色，体侧蜡丝表面粗糙。

福建分布：三明市少数红花羊蹄甲上有分布。

中国及全球分布：在中国广西、广东、云南、福建、河北、台湾及海南等地有发生。广泛分布于热带和亚热带地区，包括非洲、亚洲、中美洲和加勒比海地区。

起源：20世纪40年代初期，南洋臀纹粉蚧在东南亚地区的泰国、柬埔寨以及印度尼西亚被发现。

预防、控制和管理措施：①加强检疫，加强寄主种苗的调运检疫监管，同时制定有效应急处置对策，防止害虫进一步扩散。②对已发生区域实施铲除和化学防除，尽量减少该虫的种群数量，降低其潜在危害性。

90.福寿螺［*Pomacea canaliculata*（Lamark）］

分类地位：中腹足目（Mesogastropoda）瓶螺科（Aillpullaridae）

英文名称：golden apple snail、apple snail、amazonian snail

中文别名：大瓶螺、苹果螺、金宝螺

形态特征：雌雄异体，个体较大，有完整的螺旋形贝壳，成螺壳高40～80mm，壳径70mm以上，最大壳径可达150mm，爬行体长35～60mm。贝壳黄褐色，表面光滑。螺体右旋，贝壳近似圆盘形，5～6螺层，体螺层膨大，脐孔大而深。雌螺壳口单薄，外唇直或略弯，厣周边缘平展；雄螺壳口增厚，外唇向外反翘，角质厣外缘的中部略隆起，上下缘向软体部凹。该种与近缘种梯状福寿螺（*Pomanea scalaris*）的区别主要是脐孔，前者脐孔较大、深陷，后者脐孔较小；前者体螺层膨大，圆滑，后者则有明显平坦的肩部。

福寿螺

福寿螺卵

福寿螺为害空心菜

福建分布：除偏僻、海拔较高、气候较冷的山区，如建宁县、光泽县、周宁县及武夷山市附近等地未发现福寿螺及其卵块，全省大部分地区均有危害。

中国及全球分布：1981年作为食用螺引入中国，因其适应性强、繁殖迅速，成为危害巨大的外来入侵物种，在长江中下游及其以南的地区广泛分布。全球广泛分布于北美洲、亚洲、非洲等地。

起源：南美洲亚马孙河流域。

预防、控制和管理措施：加强防范，采用农业防治、生物防治等结合的综合防治方法，以冬季防治（挖泥清坑清除螺源和越冬卵块）、养鸭食螺为主，化学防控为辅，控制发生量，减轻危害。有条件的地区，可对其进行饲料加工，充分利用动物蛋白质和钙质等资源。通过综合防治可以有效遏制种群的过度增长和扩张。

91. 非洲大蜗牛［*Achatina fulica*（Bowdich）］

分类地位：腹足纲（Gastropoda）玛瑙螺科（Achatinidae）

英文名称：giant African snail、giant African landsnail

中文别名：非洲巨蜗牛、褐云玛瑙螺、东风螺

形态特征：贝壳较大，体长7～8cm，最大20cm，体重可达32g；贝壳狭窄、锥形，长宽比约为2∶1；壳质稍厚，有光泽，卵圆形。壳高130mm，宽54mm，6～8螺层，螺旋部呈圆锥形。体螺层膨大，壳顶尖，缝合线深，壳面为黄色或深黄色，带有焦褐色雾状花纹。其他各螺层有断断续续的棕色条纹。生长线粗而明显，壳内为淡紫色或蓝白色，体螺层上的螺纹不明显，中部各螺层与生长线交错。壳口呈卵圆形，口缘简单、完整，外唇薄而锋利，易碎，内唇贴缩于体螺层上，形成S形蓝白色的胼胝部，轴缘外折，无脐孔。足部肌肉发达，背面呈暗棕黑色，遮面呈灰黄色，黏液无色。

福建分布：目前在福州市鼓楼区、台江区、仓山区、晋安区、

非洲大蜗牛

马尾区，厦门市思明区、湖里区、集美区、同安区、翔安区、海沧区，莆田市仙游县，泉州市安溪县、晋江市、石狮市，漳州市芗城区、龙文区、云霄县、漳浦县、诏安县、长泰区、东山县、南靖县、平和县、华安县、龙海区，龙岩市新罗区等县市区均有分布。

中国及全球分布：在中国福建、广东、广西、云南、海南、台湾等地均有分布。日本、越南、老挝、柬埔寨、马来西亚、新加坡、菲律宾、印度尼西亚、印度、斯里兰卡、西班牙、马达加斯加、塞舌尔、毛里求斯、加拿大、美国等均有分布。

起源：非洲东部的坦桑尼亚。

预防、控制和管理措施：①可利用黎明、黄昏、夜间或雷雨后，非洲大蜗牛活动觅食时进行人工捕杀；还可利用其习性，用食物诱杀。也可用碳酸钠、干石灰、钾盐镁矾在大田中拌土形成一条保护带，阻止非洲大蜗牛的侵入。②利用农业栽培措施，改变生态环境。非洲大蜗牛喜湿但忌水，水旱轮作可杀灭非洲大蜗牛。铲除花圃、菜地周围的杂草，破坏其越冬越夏场所，也可减轻非洲大蜗牛的危害。③可用四聚乙醛、氨基甲酸酯类农药以及硫酸铜等药剂进行防治，也可采用毒饵诱杀。④保护利用蟾蜍、青蛙、蚂蚁、鸟类对非洲大蜗牛进行防治。此外，在田间饲养鸡、鸭、鹅对非洲大蜗牛也具防治效果。

92.巴西红耳龟 [*Trachemys scripta elegans*（Wied-Neuweid）]

分类地位：龟鳖目（Testudoformes）龟科（Emydidae）

英文名称：red-eared slider

中文别名：巴西龟、巴西彩龟、红耳龟

形态特征：稚龟略显圆钝，头颈部绿色，有许多条纹，头部腹面前端有5条黄色粗条纹；每侧眼后各发出1条粗的红色条纹，可伸至颈的中部，此为红耳龟的特征；眼角膜绿色，中央有1根黑色条带；背甲绿色，上有黄、黑相间的条纹，背甲边缘呈黄色，腹侧缘可见呈同心圆状排列的绿色条纹；腹甲黄色，且每一盾片有略呈椭圆形的黑斑，内有浅色条纹；左右两腹板相连处有黑色条纹；四肢也有许多黄绿相间的狭窄条纹，指趾间均具蹼。成体龟龟头、背部颜色变淡，为暗绿色，两侧眼后的粗条纹为暗红色；背部每一盾板有一明显的横向分布的黄色条纹，间杂较细的绿色条纹。

福建分布：在全省各县市区庙宇放生池中常见。

中国及全球分布：有意引进，用于观赏养殖，目前中国辽宁、河北、河南、山东、四川、湖南、湖北、安徽、江苏、浙江、江西、福建、广东、广西、海南、香港、澳门和台湾等地区有人工养殖，且这些地区的野外均有巴西红耳龟种群分布；在长江流域

巴西红耳龟

以及太湖、洪泽湖、洞庭湖、鄱阳湖、巢湖中国五大淡水湖中均有发现。欧洲、美洲等地均有分布。

起源：美国南部及墨西哥东北部。

预防、控制和管理措施：宣传教育以提高公众识别能力，防止逃逸和放生。

三、入侵植物病原物

93.黄瓜绿斑驳花叶病毒（*Cucumber green mottle mosaic virus*, CGMMV）

分类地位：芜菁花叶病毒科（*Tymoviridae*）烟草花叶病毒属（*Tobamovirus*）

英文名称：cucunber green mottle mosaic virus

形态特征：病毒粒体为直杆状，长约300nm，直径15～18nm，无包膜。病毒核壳由2 130个壳粒呈螺旋状排列，约有130个螺旋，螺旋的直径为4nm，螺距2.3nm，一个螺旋由49个亚单位或3个转角组成。存在株系分化。日本报道有3个株系，即西瓜株系、黄瓜株系、Yodo株系；印度报道1个株系，即印度C株系；欧洲报道了黄瓜奥克巴株系，又称黄瓜病毒4号。

黄瓜绿斑驳花叶病毒病

福建分布：福州市福清市、厦门市同安区均有危害。

中国及全球分布：目前分布在中国辽宁、北京、广西、福建及台湾局部地区。英国、爱尔兰、摩尔多瓦、瑞典、芬兰、波兰、德国、丹麦、俄罗斯、印度、日本、韩国、希腊、罗马尼亚、匈牙利、保加利亚、捷克、巴西等国家均有分布。

起源：1935年于英国首次报道。

预防、控制和管理措施：①检疫处置。拔除病株并集中销毁，进行土壤消毒后实行轮作等。②砧木及种子处理。可对带毒砧木及种子进行药剂消毒、干热处理、干热处理+药剂消毒、温汤浸种、温汤浸种+药剂消毒等。其中，干热处理结合药剂消毒的防效可达100%，药剂消毒可选择磷酸三钠。③生物防治。可选用爵床科山壳骨属植物叶片水提取物、商陆根丙酮提取物、麦仙翁提取物等进行防治。

94. 水稻细菌性条斑病菌［*Xanthomonas oryzae* pv. *oryzlcola*，（Fang et al.）Swings et al.］

分类地位：假单胞菌目（Pseudomonadales）假单胞菌科（Pseudomonadaceae）

英文名称：rice bacterial blight pathogen

中文别名：水稻条斑病菌

形态特征：病原杆状，病菌大小（1.0～2.5）μm×（0.4～0.6）μm。单胞偶尔成对，但不成链状，不形成芽孢和荚膜，具有端生单鞭毛，能游动，无孢子，无荚膜。革兰氏染色反应阴性，在营养琼脂（NA）培养基上病原菌生长快，菌落常呈淡黄色，圆形，光滑且边缘规则，圆顶状，黏稠，好气。

福建分布：1962年在福建省龙海县首次发生，现在福州市长乐区、闽侯县、连江县、罗源县、闽清县、永泰县、福清市，厦门市同安区，莆田市涵江区、仙游县，三明市三元区、明溪县、清流县、大田县、尤溪县、沙县区、永安市，泉州市洛江区、永春县、德化县、南安市，漳州市芗城区、云霄县、漳浦县、诏安县、长泰区、南靖县、平和县、华安县、龙海区，南平市延平区、建阳区、顺昌县、浦城县、光泽县、松溪县、政和县、邵武市、武夷山市、建瓯市，龙岩市新罗区、永定区、长汀县、上杭县、

水稻细菌性条斑病

武平县、连城县、漳平市，宁德市蕉城区、霞浦县、古田县、福安市、福鼎市等县市区均有危害。

中国及全球分布：最早于1953年在珠江三角洲发现，目前主要分布在中国长江以南的广东、广西、海南、福建、江西、湖南、四川、云南、贵州、浙江、湖北、安徽等地，危害面积不断扩大，造成的损失也不断加重。该菌最早由Reinking于1918年在菲律宾首次报道，东南亚各国和非洲中部都有发生。

起源：菲律宾。

预防、控制和管理措施：主要以预防为主，辅以药剂防治。对于已经患病的地块，严格隔离，防止传染到邻近地块。①加强检疫。杜绝病菌传播，选用健康无病的种子。②进行综合防治，选用抗病品种，应用种子消毒处理技术，培育无病壮秧，加强肥水栽培管理并及时用药控制；可在水稻插秧前将幼苗浸泡在抗生素溶液中进行消毒。华南病害流行区防治的关键是选栽抗病品种。

95.番茄细菌性溃疡病菌（*Clavibater michiganensis* subsp. *michiganensis*）

分类地位：放线菌目（Actinomycetales）微杆菌科（Microbacteriaceae）

英文名称：bacteria canker pathogen

形态特征：病原菌为需氧细菌，无芽孢，棒杆状。细胞大小为（0.6 ~ 0.7）μm×（0.7 ~ 1.2）μm，以单个或成对方式存在。病菌生长缓慢，形成具光泽、边缘规则的圆形菌落，也存在粉红色、白色、橙色和红色的变异菌落。是一种好气、不游动、革兰氏阳性、无孢子形成的弯曲形杆状细菌。

福建分布：在漳州市龙海区番茄种植区曾有发生。

中国及全球分布：1985年始见于北京平谷蔬菜产区，目前在中国黑龙江、吉林、辽宁、河北、北京、福建、新疆、甘肃、内蒙古、山西、河南、安徽等地均有发生，并有逐渐向南方蔓延的趋势。几乎全球的番茄产区均有发生。

起源：1909年首次发现于美国密歇根州。

预防、控制和管理措施：①选用无病种子，建立无病留种田；严禁从疫区向非疫区调运种子。②采用化学（酸浸泡）方法进行种子消毒处理，也可以采用38℃温水浸泡的方法处理。③采取严格的卫生措施，如铲除病株、病区隔离等，尽量选择无病留种田进行育种留苗，并采取严格隔离措施，防止病原菌感染种子。④选择生物菌剂防治，如中生菌素、春雷霉素等；化学药剂防治可选择络氨铜、噻菌铜、氢氧化铜等药剂。

番茄细菌性溃疡病

96.柑橘溃疡病菌（*Xanthomonas axonopodis* pv. *citri*）

分类地位：假单胞目（Pseudomonadales）假单胞科（Pseudomonadaceae）

英文名称：citrus bacterial canker disease

中文别名：地毯黄单胞杆菌

形态特征：病原菌菌体短杆状，两端钝圆，极生单鞭毛，大小为（1.56 ~ 2.97）μm ×（0.45 ~ 1.47）μm，常数个相连，有荚膜，无芽孢。菌落在牛肉汁、蛋白胨、琼脂培养基上呈草黄色，有光泽，全缘、微隆起，黏稠；菌落在马铃薯斜面培养基上初呈鲜黄色，后转蜡黄色，圆形，表面光滑，周围有狭细白色带。主要包括A、B、C、D、E共5个菌系，其中致病力最强的亚洲菌系为A菌系。

福建分布：在福建省柑橘产区，如福州市、南平市、莆田市、

柑橘溃疡病病叶

柑橘溃疡病病斑

柑橘溃疡病病果

漳州市、宁德市等主产区均有发生。

中国及全球分布：在中国柑橘产区，如广东、广西、福建、台湾、江西、浙江、江苏、湖南、湖北、贵州、四川等省份，柑橘溃疡病都有不同程度的发生。在全球，柑橘溃疡病分布于印度、斯里兰卡、泰国、印度尼西亚、日本、菲律宾以及非洲南部和西部、南美洲（巴西、乌拉圭、阿根廷）等。

起源：亚洲。

预防、控制和管理措施：①严格调运检疫，严禁从柑橘溃疡病病区调运苗木、接穗和砧木种子，一旦发现应立即彻底销毁。②建立无病苗圃，在病区，无病苗圃设在远离柑橘园（≥2 000m）并有荒山树林隔离的地块。育苗时，接穗和砧木种子需从无病区或无病树上采集，对可能带病的材料应进行严格消毒；发现病株及时拔除销毁，并注意喷药保护，以培育无病苗木。③加强栽培管理，及时剪除病枝、病叶及病果，带出园外集中销毁；冬季清园，对已经发生柑橘溃疡病的柑橘园，秋季剪除病残枝并集中销毁，全园喷雾消毒。④一般在春梢、夏梢、秋梢抽出后20d左右喷药预防，可选择氢氧化铜。

97. 大豆疫霉病菌（*Phytophthora sojae* Kaufmann & Gerdemann）

分类地位：霜霉目（Peronosporales）腐霉科（Pythiacea）

英文名称：phytophthora root rot

中文别名：暂无

形态特征：菌落均匀呈棉絮状；气生菌丝白色，直径2.5 ~ 9.7μm，茂盛且密，菌丝珊瑚状，无隔膜，近直角分枝，且形成结节状或不规则的菌丝膨大体。菌体孢囊梗单生，无限生长，多数不分枝，孢子囊无性，长卵形、倒梨形或柠檬形，大小为（57.8 ~ 70.2）μm×（32.1 ~ 43.8）μm，孢子囊萌发形成孢囊，孢囊壁很薄，内含大量游动孢子，很快伸长开裂，有的游动孢子留在孢囊内并萌发，游动孢子卵形，一端或两端钝圆，侧面平滑，鞭毛极生。藏卵器球形，具薄壁，直径21.5 ~ 44.5μm；卵孢子圆形，壁光滑，淡黄色，直径14.7 ~ 37.5μm；雄器多侧生，偶有围生。

福建分布：1997年从台湾引进的毛豆种子病粒种皮中发现可疑大豆疫霉病菌，现调查发现福建南部地区如漳州市龙海区、厦门市同安区等地有发生。

中国及全球分布：在中国黑龙江、吉林、北京、安徽、江苏、福建等地均有发生。美国、加拿大、巴西、阿根廷、日本、澳大利亚、英国、匈牙利、尼日利亚、印度、埃及、以色列、南非、德国、瑞士、新西兰等国家均有分布。

起源：美国印第安纳州。

预防、控制和管理措施：①加强检疫，禁止从大豆疫霉病发生区的省份调运大豆种子，确需调运的，需经过严格检疫，合格

大豆疫霉病

大豆疫霉病为害初期

大豆疫霉病为害中期

大豆疫霉病为害茎秆

后方可调运。禁止在发生大豆疫霉病的田块进行采种，发生区种子严禁调往未发生区。②种植抗、耐病品种，避免使用感病品种。③种子必须经过严格筛选，确保不带病菌，不使用病区的自留种。播种前可使用甲霜灵进行拌种，避免白种下地。可选择甲霜灵、甲霜·锰锌进行种子包衣处理。④平整土地以减少低洼地在降雨后形成积水；建立良好的田间排水系统，及时排出积水；采用垄作，减少连作，实施轮作；及时清除病残体，并集中销毁。

98. 香蕉枯萎病菌［*Fusarium oxysporum* Schlecht. f. sp. *cubense*（E. F. Sm.）Snyd. et Hans］

分类地位：瘤座菌目（Tuberecularials）瘤座胞科（Tubeculariaceae）

英文名称：banana vascular wilt

中文别名：暂无

形态特征：分生孢子梗无色，在自然情况下常结合成分生孢子座，但在人工培养下分生孢子梗多为单生，很少形成孢子座，内壁芽生瓶梗式产孢。通常分生孢子有两种，大型分生孢子为多细胞，镰刀形，无色，基部常有一显著突起（足胞）；小型分生孢子多为单细胞，无色，卵圆形或椭圆形，单生或串生，两种分生孢子常聚集成黏孢子团，有些种菌丝或分生孢子的细胞可形成近球形的厚垣孢子。在培养基上常产生红色、紫色、黄色或蓝色等色素。病菌丝在pH为4.0 ～ 9.0的范围内均能生长，最适pH为5.0 ～ 6.0，在15 ～ 35℃的温度范围内均能生长，适宜温度为25 ～ 30℃。

福建分布：20世纪90年代末在漳州市部分香蕉园中的粉蕉上发现该病，在漳州市芗城区、云霄县、漳浦县、诏安县、长泰区、南靖县、平和县、华安县、龙海区等地均有危害。

中国及全球分布：在中国广州、广西、海南、福建、台湾等地均有发生。香蕉枯萎病是全球香蕉最具毁灭性的土传病害之一，广泛分布于全球各地的香蕉产区，其中美洲部分地区发生严重。

起源：1874年发现于澳大利亚。

香蕉枯萎病

预防、控制和管理措施：①应严格控制病区的蕉苗外运，发现病株，立即销毁。②选栽抗病品种和无病苗木。提倡在山地设立香蕉育苗场。发病严重蕉园可与甘蔗轮作1～2年。③清除病株后，在病穴及周围土壤中施用石灰或福尔马林消毒；可选用甲基硫菌灵、苯菌灵、百菌清、苯醚甲环唑等药剂喷雾。发病初期，可用噁霉灵或多抗霉素液灌注。④可应用生物有机肥里有益菌株改变根际菌群，减少病原体在香蕉根际定殖；用含枯草芽孢杆菌和淡紫拟青霉的复合菌肥与红薯套种对香蕉枯萎病有显著的控病效果。

香蕉枯萎病后期症状

99.香蕉穿孔线虫［*Radopholus similis*（Cobb）Thorne］

分类地位：垫刃目（Tylenchida）短体科（Pratylenchidae）

英文名称：burrowing nematode、blackhead or toppling disease of bananas

中文别名：相似穿孔线虫

形态特征：雌虫线形，头部低，不缢缩或略缢缩，头环3～4个；侧区有4条侧线。雌虫和幼虫的口针、唇架均很发达；双生殖腺对伸，阴门位于虫体中部；双卵巢，受精囊圆形，侧尾腺孔明显，通常位于尾的前部；尾呈长圆锥形，末端钝，有环纹。雄虫头部高，显著缢缩，呈球形；口针和食道显著退化，交合伞伸到尾部约2/3处，有交合刺，精子杆状。

福建分布：漳州市南靖县、平和县等地曾有发生。1992年已经将疫情扑灭。

中国及全球分布：在中国大部分香蕉产区和北部温室、大棚内广发生，海南、云南、广西、广东、贵州、江西、福建、台湾、湖南等地均是其适生区，且海南、广西、广东、云南、福建、台湾又是香蕉主产区，因此为潜在危险区。目前在欧洲、亚洲、非洲、北美洲、南美洲、大洋洲都有香蕉穿孔线虫发生，其广泛分布于全球热带、亚热带和一些温带地区的温室中，是造成世界香蕉和园艺花卉减产的重要因素。

起源：1891年在斐济的香蕉根部发现。

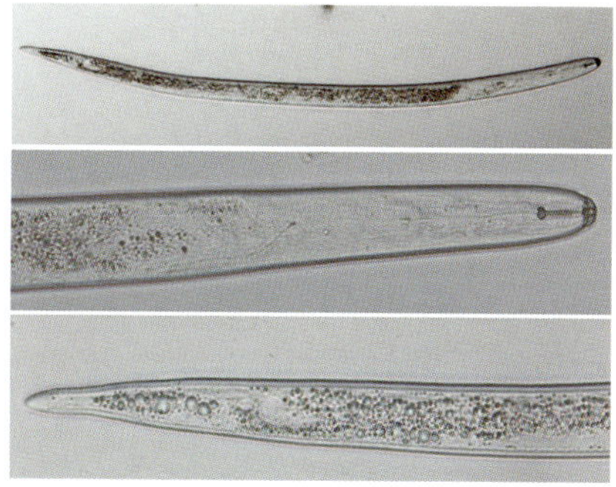

香蕉穿孔线虫雌虫

预防、控制和管理措施：①使用温水处理种植材料，可以杀死香蕉穿孔线虫。当根状茎基部直径大于10cm时，可切削防治。②种植抗病品种，及时销毁严重感病的香蕉植株；可轮作种植非寄主植物。③施用有机肥改善植物营养健康状况，增强对香蕉穿孔线虫的抗性。④对于基部直径小于10cm的根状茎或球茎，可直接用药液浸渍杀死线虫。

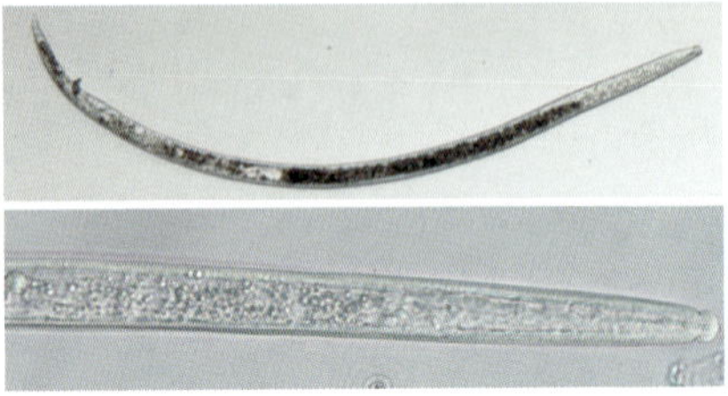

香蕉穿孔线虫雄虫

100.松材线虫［*Bursaphelenchus xylophilus*（Steiner et Buhrer）Nickle］

分类地位：滑刃目（Aphelenchida）滑刃科（Aphelenchoididae）

英文名称：pime wood nematode

中文别名：松树萎蔫病

形态特征：雌雄线虫异型，均为蠕虫状，成虫长约1.0mm，口针细长，唇区高，中食道几乎充满体腔，占体宽2/3以上。雌虫体长0.96～1.19mm，平均1.03mm，单卵巢，阴门位于虫体3/4处，上有阴门盖，尾端宽圆呈指状或有不超过1.0μm的小尾尖突。雄虫体长0.86～0.99mm，交合刺大，成对，喙突明显，尖细，远端有清晰的盘状突起。尾弓状，尾端尖细，交合伞卵形，透明包裹于尾端。

福建分布：最早记载是2001年11月首次在厦门市发现。截至2021年底，在福州市马尾区、晋安区、长乐区、福清市、闽侯县、连江县、罗源县、闽清县、永泰县，厦门市同安区、翔安区，莆田市城厢区、涵江区、荔城区、仙游县，三明市三元区、沙县区、永安市、大田县、清流县、将乐县、泰宁县、建宁县，泉州市丰泽区、洛江区、晋江市、南安市、惠安县、安溪县、永春县，漳州市云霄县、诏安县、南靖县，南平市延平区、建阳区、邵武市、武夷山市、建瓯市、顺昌县、浦城县、光泽县、松溪县、政和县，龙岩市漳平市、上杭县、连城县，宁德市蕉城区、福安市、福鼎市、霞浦县、古田县、寿宁县、周宁县、柘荣县等县市区均有危害。

中国及全球分布：1982年在中国江苏省南京市中山陵首次发现，后相继在江苏、上海、安徽、山东、陕西、浙江、江西、广西、广东、湖北、湖南、台湾、澳门、香港等许多省份发生流行成灾，辽宁以南的所有区域都有可能扩散。德国、意大利、法国、朝鲜、日本、韩国、美国、加拿大、墨西哥、葡萄牙等国均有发生，但危害程度不一，其中以日本受害最重。

起源：美国。

预防、控制和管理措施：①及时砍伐病部，砍伐要彻底，砍伐掉的松材、要就地销毁，严禁遗漏。②防治松墨天牛可在一定程度上控制松材线虫的传播，可选择吡虫啉、喹硫磷、噻虫啉、敌敌畏（树干注射）、氯氰菊酯、阿维菌素等药剂进行防治。③可用Smal-007菌剂对松材线虫病进行防控，但在施用过程中需考虑降水，需要连续数年施用。

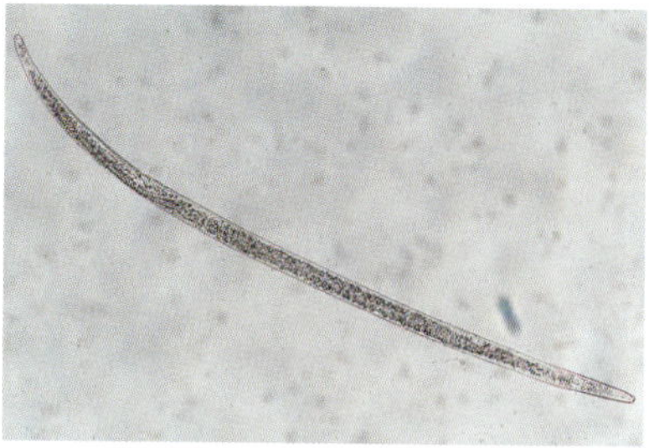

松材线虫雌虫

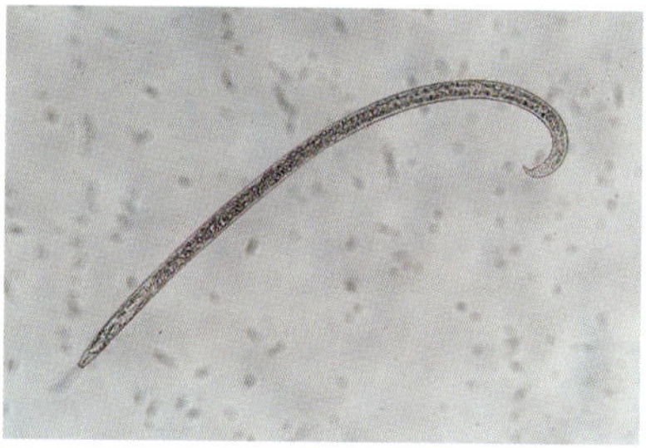

松材线虫雄虫

松材线虫为害松树

四、福建省主要外来入侵物种名录

（一）福建省入侵植物名录

查阅资料及文献，据不完全统计，福建省入侵植物51科253种，详见表1。

表1 福建省入侵植物名录

科名	中文种名	拉丁学名
菊科 Compositae（51种）	白花地胆草	*Elephantopus tomentosus* Linn.
	百日菊	*Zinnia elegans* Sessé & Moc.
	滨菊	*Leucanthemum vulgare* Lam.
	春黄菊	*Anthemis tinctoria* Linn.
	大花金鸡菊	*Coreopsis grandiflora* Nutt. ex Chapm.
	多花百日菊	*Zinnia peruviana* L.
	鬼针草	*Bidens pilosa* Linn.
	黑心金光菊	*Rudbeckia hirta* Linn.
	黄秋英	*Cosmos sulphureus* Cav.
	藿香蓟	*Ageratum conyzoides* Sieber ex Steud.
	加拿大一枝黄花	*Solidago canadensis* Linn.
	剑叶金鸡菊	*Coreopsis lanceolata* Linn.
	金光菊	*Rudbeckia laciniata* Linn.
	金腰箭	*Synedrella nodiflora*（Linn.）Gaertn.
	菊芋	*Helianthus tuberosus* L.
	孔雀草	*Tagetes patula* Linn.
	苦苣菜	*Sonchus oleraceus* L.
	矢车菊	*Centaurea cyanus* Linn.
	鳢肠	*Eclipta prostrata*（Linn.）Linn.

（续）

科名	中文种名	拉丁学名
	梁子菜	*Erechtites hieraciifolius*（L.）Raf. ex DC.
	两色金鸡菊	*Coreopsis tinctoria* Nutt.
	裸柱菊	*Soliva anthemifolia*（Juss.）R.Br.
	南美蟛蜞菊	*Sphagneticola trilobata*（L.）Pruski
	南茼蒿	*Glebionis segetum*（Linn.）Fourr.
	牛膝菊	*Galinsoga parviflora* Cav.
	婆婆针	*Bidens bipinnata* L.
	秋英	*Cosmos bipinnatus* Cav.
	蛇目菊	*Sanvitalia procumbens* Lam.
	水飞蓟	*Silybum marianum*（Linn.）Gaertn.
	苏门白酒草	*Erigeron sumatrensis* Retz.
	天人菊	*Gaillardia pulchella* Foug.
	茼蒿	*Glebionis coronaria*（L.）Cass. ex Spach
	豚草	*Ambrosia artemisiifolia* L.
	万寿菊	*Tagetes erecta* Linn.
	香丝草	*Erigeron bonariensis* Hort. ex Link
	小蓬草	*Erigeron canadensis* L.
	熊耳草	*Ageratum houstonianum* Mill.
	宿根天人菊	*Gaillardia aristata* Pursh.
	野茼蒿	*Crassocephalum crepidioides*（Benth.）S. Moore
	一年蓬	*Erigeron annuus*（L.）Desf.
	银胶菊	*Parthenium hysterophorus* Adans.
	羽芒菊	*Tridax procumbens* Linn.
	肿柄菊	*Tithonia diversifolia* A. Gray
	钻叶紫菀	*Symphyotrichum subulatum*（Michx.）G.L.Nesom
	假臭草	*Praxelis clematidea*（Griseb.）R. M. King et H. Rob.

（续）

科名	中文种名	拉丁学名
	春飞蓬	*Erigeron philadelphicus*
	薇甘菊	*Mikania micrantha* Kunth
	黄顶菊	*Flaveria bidentis*（L.）Kuntze.
	大狼杷草	*Bidens frondosa* L.
	飞机草	*Eupatorium odoratum*（L.）R. M. King & H. Rob
	翼茎阔苞菊	*Pluchea sagittalis*（Lamarck）Cabera
禾本科 Gramineae（29 种）	巴拉草	*Brachiaria mutica*（Forsk.）Stapf
	百喜草	*Paspalum notatum* Flugge
	扁穗雀麦	*Bromus catharticus* Vahl.
	大米草	*Spartina anglica* Hubb.
	大黍	*Panicum maximum* Jacq.
	地毯草	*Axonopus compressus*（Sw.）Beauv.
	多花黑麦草	*Lolium multiflorum* Lamk.
	非洲虎尾草	*Chloris gayana* Kunth
	枫茅	*Cymbopogon winterianus* Jowitt ex Bor
	黑麦	*Secale cereale* Linn.
	黑麦草	*Lolium perenne* Linn.
	虎尾草	*Chloris virgata* Sw.
	互花米草	*Spartina alterniflora* Lois.
	蒺藜草	*Cenchrus echinatus* L.
	两耳草	*Paspalum conjugatum* C.Cordem.
	毛花雀稗	*Paspalum dilatatum* Poir.
	柠檬草	*Cymbopogon citratus*（DC.）Stapf
	铺地黍	*Panicum repens* Linn.
	石茅	*Sorghum halepense*（Linn.）Pers.
	丝毛雀稗	*Paspalum urvillei* Steud.
	苏丹草	*Sorghum sudanense*（Piper）Stapf

（续）

科名	中文种名	拉丁学名
	弯叶画眉草	*Eragrostis curvula*（Schrad.）Nees
	象草	*Pennisetum purpureum* Schum.
	野牛草	*Buchloe dactyloides*（Nutt.）Engelm.
	野燕麦	*Avena fatua* Linn.
	棕叶狗尾草	*Setaria palmifolia*（Koen.）Stapf
	白茅	*Imperata cylindrica*（L.）Beauv.
	红毛草	*Rhynchelytrum repens*（wild.）C.E. Hubb.
	假高粱	*Sorghum halepense*（L.）Pers.
豆科 Fabaceae（16 种）	白花草木樨	*Melilotus albus* Desr.
	白灰毛豆	*Tephrosia candida* DC.
	草木樨	*Melilotus officinalis*（L.）Lam.
	刺槐	*Robinia pseudoacacia* Linn.
	蝶豆	*Clitoria ternatea* Linn.
	龙牙花	*Erythrina corallodendron* L.
	木豆	*Cajanus cajan*（L.）Millsp.
	三尖叶猪屎豆	*Crotalaria micans* Link
	菽麻	*Crotalaria juncea* Linn.
	望江南	*Senna occidentalis*（L.）Link
	野青树	*Indigofera suffruticosa* Mill.
	印度草木樨	*Melilotus indicus*（L.）All.
	长果猪屎豆	*Crotalaria lanceolata* E.Mey.
	猪屎豆	*Crotalaria pallida* Blanco
	紫穗槐	*Amorpha fruticosa* Linn.
	白车轴草	*Trifolium repens* L.
大戟科 Euphorbiaceae（13 种）	蓖麻	*Ricinus communis* Linn.
	飞扬草	*Euphorbia hirta* Linn.
	红雀珊瑚	*Pedilanthus tithymaloides*（Linn.）Poit.

（续）

科名	中文种名	拉丁学名
	火殃勒	*Euphorbia antiquorum* Linn.
	苦味叶下珠	*Phyllanthus amarus* Shumacher et Thonning
	绿玉树	*Euphorbia tirucalli* Linn.
	麻风树	*Jatropha curcas* Linn.
	南欧大戟	*Euphorbia peplus* Linn.
	匍匐大戟	*Euphorbia prostrata* Aiton
	通奶草	*Euphorbia hypericifolia* Linn.
	猩猩草	*Euphorbia cyathophora* Murr.
	一品红	*Euphorbia pulcherrima* Willd. ex Klotzsch
	银边翠	*Euphorbia marginata* Pursh.
苋科 Amaranthaceae（14 种）	凹头苋	*Amaranthus blitum* L.
	刺花莲子草	*Alternanthera pungens* H. B. K.
	刺苋	*Amaranthus spinosus* L.
	鸡冠花	*Celosia cristata* L.
	锦绣苋	*Alternanthera bettzickiana*（Regel）G.Nicholson
	空心莲子草	*Alternanthera philoxeroides*（Mart.）Griseb.
	绿穗苋	*Amaranthus hybridus* K.Krause
	千日红	*Gomphrena globosa* Linn.
	青葙	*Celosia argentea* Linn.
	苋	*Amaranthus tricolor* Linn.
	皱果苋	*Amaranthus viridis* L.
	土牛膝	*Achyranthes aspera* L.
	反枝苋	*Amaranthus retroflexus* L.
	土荆芥	*Dysphania ambrosioides*（L.）Mosyakin et Clemant
含羞草科 Mimosaceae（11 种）	大叶相思	*Acacia auriculiformis*A. Cunn. ex Benth.
	儿茶	*Senegalia catechu*（L.f.）Willd.

（续）

科名	中文种名	拉丁学名
	含羞草	*Mimosa pudica* Linn.
	黑荆	*Acacia mearnsii* De Wilde
	灰合欢	*Acaciella glauca*（L.）L. Rico
	假含羞草	*Neptunia plena*（L.）Benth.
	金合欢	*Vachellia farnesiana*（L.）Wight & Arn.
	阔荚合欢	*Albizia lebbeck*（L.）Benth.
	台湾相思	*Acacia confusa* Merr.
	无刺巴西含羞草	*Mimosa diplotricha* var. *inermis*（Adelb.）
	银合欢	*Leucaena leucocephala*（Lam.）de Wit
茄科 Solanaceae（11种）	灯笼果	*Physalis peruviana* Linn.
	假烟叶树	*Solanum erianthum* D. Don
	曼陀罗	*Datura stramonium* Linn.
	乳茄	*Solanum mammosum* Linn.
	珊瑚豆	*Solanum pseudocapsicum* var. *diflorum*（Vell.）Bitter
	珊瑚樱	*Solanum pseudocapsicum* Linn.
	水茄	*Solanum torvum* Swartz
	洋金花	*Datura metel* Linn.
	夜香树	*Cestrum nocturnum* L.
	鸳鸯茉莉	*Brunfelsia brasiliensis*（Spreng.）L.B.Sm. & Downs
	颠茄	*Atropa belladonna* L.
唇形科 Labiatae（8种）	灯笼草	*Clinopodium polycephalum*（Vaniot）
	留兰香	*Mentha spicata* Linn.
	罗勒	*Ocimum basilicum* Linn.
	毛叶丁香罗勒	*Ocimum gratissimum* var. *suave*（Willd.）
	山香	*Mesosphaerum suaveolens*（L.）Kuntze

（续）

科名	中文种名	拉丁学名
唇形科 Labiatae（8 种）	田野水苏	*Stachys arvensis* Linn.
	一串红	*Salvia splendens* Ker Gawl
	朱唇	*Salvia coccinea* Buc'hoz ex Etl.
旋花科 Convolvulaceae（6 种）	圆叶牵牛	*Ipomoea purpurea*（L.）Roth
	茑萝	*Ipomoea quamoclit* L.
	七爪龙	*Ipomoea mauritiana* Jacquin
	牵牛	*Ipomoea nil*（L.）Roth
	三裂叶薯	*Ipomoea triloba* Linn.
	五爪金龙	*Ipomoea cairica*（L.）Sweet
玄参科 Scrophulariaceae（6 种）	阿拉伯婆婆纳	*Veronica persica* Poir.
	毛地黄	*Digitalis purpurea* Linn.
	婆婆纳	*Veronica polita* Fries
	蚊母草	*Veronica peregrina* Linn.
	野甘草	*Scoparia dulcis* Linn.
	直立婆婆纳	*Veronica arvensis* Linn.
紫葳科 Bignoniaceae（5 种）	火焰树	*Spathodea campanulata* Beauv.
	聚合草	*Symphytum officinale* Linn.
	蓝猪耳	*Torenia fournieri* Linden. ex Fourn.
	猫爪藤	*Dolichandra unguis-cati*（L.）L.G.Lohmann
	炮仗花	*Pyrostegia venusta*（Ker-Gawl.）Miers
爵床科 Acanthaceae（5 种）	穿心莲	*Andrographis paniculata*（Burm. f.）Nees
	穿叶异檐花	*Triodanis perfoliata*（L.）Nieuwl.
	小驳骨	*Justicia gendarussa* L. f.
	鸭嘴花	*Justicia adhatoda* L.
	翼叶山牵牛	*Thunbergia alata* Bojer ex Sims
锦葵科 Malvaceae（5 种）	黄花稔	*Sida acuta* Burm. f.
	咖啡黄葵	*Abelmoschus esculentus*（Linn.）Moench

（续）

科名	中文种名	拉丁学名
	苘麻	*Abutilon theophrasti* Medicus
	赛葵	*Malvastrum coromandelianum*（Linn.）Garcke
	穗花赛葵	*Malvastrum spicatum* Willd.
柳叶菜科 Onagraceae（5种）	草龙	*Ludwigia hyssopifolia*（G. Don）Exell
	南美月见草	*Oenothera odorata* Jacq.
	山桃草	*Gaura lindheimeri* Engelm. et Gray
	小花山桃草	*Gaura parviflora* Dougl.
	月见草	*Oenothera biennis* L.
十字花科 Cruciferae（4种）	北美独行菜	*Lepidium virginicum* Linn.
	臭荠	*Coronopus didymus*（L.）J.E.Smith
	荠	*Capsella bursa-pastoris*（Linn.）Medic.
	弯曲碎米荠	*Cardamine flexuosa* With.
西番莲科 Passifloraceae（3种）	大果西番莲	*Passiflora quadrangularis* Linn.
	鸡蛋果	*Passiflora edulis* Sims
	西番莲	*Passiflora caerulea* L .
桃金娘科 Myrtaceae（3种）	桉	*Eucalyptus robusta* Smith
	番石榴	*Psidium guajava* Linn.
	蓝桉	*Eucalyptus globulus* Labill.
龙舌兰科 Agavaceae（3种）	凤尾丝兰	*Yucca gloriosa* Linn.
	剑麻	*Agave sisalana* Perrine ex Engelm.
	龙舌兰	*Agave americana* Linn.
石蒜科 Amaryllidaceae（3种）	葱莲	*Zephyranthes candida* Herb.
	花朱顶红	*Hippeastrum vittatum*（L'Hér.）Herb.
	雄黄兰	*Crocosmia* × *crocosmiiflora*（Lemoine）N.E.Br.
马鞭草科 Verbenaceae（2种）	假马鞭	*Stachytarpheta jamaicensis*（Linn.）Vahl
	马缨丹	*Lantana camara* Linn.

（续）

科名	中文种名	拉丁学名
马齿苋科 Portulacaceae（3种）	大花马齿苋	*Portulaca grandiflora* Hook.
	毛马齿苋	*Portulaca pilosa* Linn.
	土人参	*Talinum paniculatum*（Jacq.）Gaertn.
紫茉莉科 Nyctaginaceae（3种）	光叶子花	*Bougainvillea glabra* Choisy
	叶子花	*Bougainvillea spectabilis* Willd.
	紫茉莉	*Mirabilis jalapa* L.
蓼科 Polygonaceae（3种）	珊瑚藤	*Antigonon leptopus* Hook. et Arn.
	小酸模	*Rumex acetosella* L.
	竹节蓼	*Homalocladium platycladum*（F. Muell.）Bailey
景天科 Crassulaceae（3种）	棒叶落地生根	*Bryophyllum delagoense*（Eckl. & Zeyh.）Druce
	落地生根	*Bryophyllum pinnatum*（Lam.）Oken
	匙叶伽蓝菜	*Kalanchoe integra*（Medik.）Kuntze
仙人掌科 Cactaceae（3种）	量天尺	*Hylocereus undatus*（Haw.）Britton et Rose
	木麒麟	*Pereskia aculeata* Mill.
	仙人掌	*Opuntia dillenii*（Ker Gawl.）Haw.
落葵科 Basellaceae（2种）	落葵	*Basella alba* L.
	落葵薯	*Anredera cordifolia*（Tenore）Steenis
云实科 Caesalpiniaceae（2种）	粉叶决明	*Senna sulfurea*（Collad.）H.S.Irwin & Barneby
	酸豆	*Tamarindus indica* Linn.
凤仙花科 Balsaminaceae（2种）	凤仙花	*Impatiens balsamina* Linn.
	金凤花	*Impatiens cyathiflora* Hook. f.
石竹科 Caryophyllaceae（2种）	鹅肠菜	*Stellaria aquatica*（L.）Scop.
	球序卷耳	*Cerastium glomeratum* Thuill.
罂粟科 Papaveraceae（2种）	蓟罂粟	*Argemone mexicana* L.
	虞美人	*Papaver rhoeas* L.
夹竹桃科 Apocynaceae（2种）	长春花	*Catharanthus roseus*（Linn.）G. Don
	马利筋	*Asclepias curassavica* L.

（续）

科名	中文种名	拉丁学名
鸭跖草科 Commelinaceae（2 种）	吊竹梅	*Tradescantia zebrina* Heynh.
	紫竹梅	*Tradescantia pallida*（Rose）D.R.Hunt
胡椒科 Piperaceae（2 种）	草胡椒	*Peperomia pellucida*（Linn.）Kunth
	蒌叶	*Piper betle* L.
竹芋科 Marantaceae（1 种）	水竹芋	*Thalia dealbata* Fraser
槭树科 Aceraceae（1 种）	梣叶槭	*Acer negundo* Linn.
酢浆草科 Oxalidaceae（1 种）	红花酢浆草	*Oxalis corymbosa* DC.
牻牛儿苗科 Geraniaceae（1 种）	野老鹳草	*Geranium carolinianum* Linn.
商陆科 Phytolaccaceae（2 种）	数珠珊瑚	*Rivina humilis* Linn.
	美洲商陆	*Phytolacca americana* L.
毛茛科 Ranunculaceae（1 种）	飞燕草	*Consolida ajacis*（Linn.）Schur
天南星科 Araceae（1 种）	大薸	*Pistia stratiotes* Linn.
小二仙草科 Haloragaceae（1 种）	粉绿狐尾藻	*Myriophyllum aquaticum*（Vellozo）Verdc.
莎草科 Cyperaceae（1 种）	风车草	*Cyperus involucratus* Rottb.
秋海棠科 Begoniaceae（1 种）	四季秋海棠	*Begonia cucullata* Willd.
木麻黄科 Casuarinaceae（1 种）	木麻黄	*Casuarina equisetifolia* J.R. Forst. & G. Forst.
大麻科 Cannabaceae（1 种）	大麻	*Cannabis sativa* L.
荨麻科 Urticaceae（1 种）	小叶冷水花	*Pilea microphylla*（Linn.）Liebm

（续）

科名	中文种名	拉丁学名
车前科 Plantaginaceae（1种）	北美车前	*Plantago virginica* Linn.
伞形科 Umbelliferae（1种）	野胡萝卜	*Daucus carota* Linn.
莎草科 Cyperaceae（1种）	香附子	*Cyperus rotundus* Linn.
列当科 Orobanchaceae（1种）	光药列当	*Orobanche brassicae* Novopokr.
雨久花科 Pontederiaceae（1种）	凤眼蓝	*Eichhornia crassipes*（Mart.）Solme

（二）福建省入侵节肢动物和软体动物名录

查阅资料及文献，据不完全统计，福建省入侵节肢动物和软体动物22科39种，详见表2。

表2　福建省入侵节肢动物和软体动物名录

科名	中文种名	拉丁学名
透翅蛾科 Sesiidae（2种）	白杨透翅蛾	*Parathrene tabaniformis* Rottemburg
	小楹白蚁	*Incisitermes minor*（Hagen）
辉蛾科 Hiemxestidae（1种）	蔗扁蛾	*Opogona sacchari* Bojer
夜蛾科 Noctuidae（1种）	草地贪夜蛾	*Spodoptera frugiperda*（Smith）
姬小蜂科 Eulophidae（1种）	刺桐姬小蜂	*Quadrastichus erythrina* Kim
象虫科 Curculionidae（1种）	稻水象甲	*Lissorhoptru soryzophilus* Kuschel
蜚蠊科 Blattidae（2种）	德国小蠊	*Blattella germanica* Linnaeus
	美洲大蠊	*Periplaneta americana* Linnaeus

（续）

科名	中文种名	拉丁学名
蚁科 Formicidae（1种）	红火蚁	*Solenopsis invictae* Buren
实蝇科 Tephritidae（6种）	橘小实蝇	*Bactrocera dorsalis* Hendel
	芒果实蝇	*Bactrocera occipitalis* Bezzi
	辣椒实蝇	*Bactrocera latifrons* Hendel
	番木瓜长尾实蝇	*Toxotrypana curvicauda* Gerstaecker
	地中海实蝇	*Ceratitis capitata* Wiedemann
	瓜实蝇	*Zeugodacus cucuribitae* Coquillett
潜蝇科 Agromyzidae（2种）	美洲斑潜蝇	*Liriomyza sativae* Blanchard
	南美斑潜蝇	*Liriomyza huidobrensis* Blanchard
瘿蚊科 Ceeidomyiidae（1种）	芒果壮铗普瘿蚊	*Procontarinai robusta* Li, Bu & Zhang
粉蚧科 Pseudococcidae（4种）	湿地松粉蚧	*Oracella acuta* Lobdell
	扶桑绵粉蚧	*Phenacoccus solenopsis* Tinsley
	南洋臀纹粉蚧	*Planococcus lilacinus* Cockerell
	木瓜秀粉蚧	*Paracoccus marhinatus* Williams and Granara de Willink
盾蚧科 Diaspididae（3种）	松突圆蚧	*Hemiberlesia pitysophila* Takagi
	杨圆蚧	*Quadraspidiotus gigas* Thiem & Gemeck
	苏铁白盾蚧	*Aulacaspis yasumatsui* Takagi
绵蚧科 Margarodidae（1种）	吹绵蚧	*Icerya purchasi* Maskell
粉虱科 Aleyrodidae（3种）	烟粉虱	*Bemisia tabaci* Gennadius
	温室白粉虱	*Trialeurodes vaporariorum*（Westwood）
	螺旋粉虱	*Aleurodicus dispersus* Russell
天牛科 Cerambycidae（1种）	黄斑星天牛	*Anoplophora nobilis* Gangibaeur
豆象科 Bruchidae（1种）	四纹豆象	*Callosobruchus maculatus* Fabricius

（续）

科名	中文种名	拉丁学名
象甲科 Curculionidae（3种）	萧氏松茎象	*Hylobitelus xiaoi*
	红棕象甲	*Rhyncophorus ferrugineuss* Olivier
	稻水象甲	*Lissorhoptrus oryzophilus* Kuschel
叶甲科 Chrysomelidae（1种）	椰心叶甲	*Brontispa longissima* Gestro
铁甲科 Hispidae（1种）	水椰八角铁甲	*Octodonta nipae* Maulik
窃蠹科 Anobiidae（1种）	烟草甲	*Lasioderma serricorne*（Fabricius）
玛瑙螺科 Achatinidae（1种）	非洲大蜗牛	*Achatina fulica* Férussac
瓶螺科 Aillpullaridae（1种）	福寿螺	*Pomacea canaliculata* Lamarck

（三）福建省入侵微生物名录

查阅资料及文献，据不完全统计，福建省入侵微生物 30种，详见表3。

表3 福建省入侵微生物名录

病害名称	病原菌	拉丁学名/英文名
香蕉枯萎病	香蕉枯萎病菌	*Fusarium oxysporum* f. sp. W. C. Snyder & H. N. Hansen
香蕉穿孔线虫病	香蕉穿孔线虫	*Radopholus similis* Cobb
菜豆荚斑驳病	菜豆荚斑驳病毒	Bean pod mottle virus
大豆疫霉病	大豆疫霉病菌	*Phytophthora sojae* Kaufm. & Gerd.
番茄细菌性溃疡病	番茄细菌性溃疡病菌	*Clavibater michiganensis* (Smith)
水稻条斑病	水稻细菌性条斑病菌	*Xanthomonas oryzae* Lshiyama
棉花黄萎病	大丽花轮枝孢和黑白轮枝菌	*Verticillium dahliae* Kleb.

（续）

病害名称	病原菌	拉丁学名/英文名
烟草环斑病毒病	烟草环斑病毒病	Tobacco ring spot virus
桉树青枯病	青枯毛杆菌	*Pseudomonas solanacearum* (Smith)
桉树焦枯病菌	桉树焦枯病菌	*Cylindrocladium scoparium* Terash
甘薯黑斑病	甘薯长喙壳菌	*Ceratocystis fimbriata* Ellis & Halst.
桃缩叶病	畸形外囊菌	*Taphrina deformans* (Berk.) Tul.
松针褐斑病	松针座盘孢菌	*Lecanosticta aciola* (Thüm.) Syd.
罗汉松叶枯病	罗汉松叶枯病菌	*Pestalotia podocarpi* Pi Laugh.
木薯细菌性萎蔫病	木薯细菌性萎蔫病菌	*Xanthomonas axonopodis* Dowson
瓜类果斑病	瓜类果斑病菌	*Acidovorax avenae* Schaad
番茄细菌性叶斑病	番茄细菌性叶斑病菌	*Pseudomonas syringae* Van Hall
番木瓜环斑花叶病	番木瓜环斑花叶病毒	*Papaya ring spot virus*
番茄斑点萎凋病	番茄斑点萎凋病毒	*Tomato spotted wilt virus*
柑橘黄龙病	柑橘黄龙病菌	*Liberobacter asiaticum*
柑橘溃疡病	柑橘溃疡病菌	*Xanthomonas axonopodis* Dowson
南芥菜花叶病	南芥菜花叶病毒	*Arabis mosaic virus*
梨枯梢病	梨枯梢病菌	*Erwinia amylovora* Burrill
剑麻斑马纹病	烟草疫霉	*Phytophthora nicotianae* Breda de Haan
马铃薯环腐病	马铃薯环腐病菌	*Clavibacter michiganensis* Smith
松材线虫病	松材线虫	*Bursaphelenchuh xylophilus* Steiner & Buhrer
草莓芽叶线虫病	草莓芽叶线虫	*Aphelenchoides fragariae* Ritzema Bos
鳞球茎茎线虫病	鳞球茎茎线虫	*Ditylenchus dispaci* Kuhn
黄瓜绿斑驳花叶病	瓜绿斑驳花叶病毒	*Cucumber green mottle mosaic virus*
十字花科细菌性黑斑病	十字花科细菌性黑斑病菌	*Pseudomonas syringae* pv. *maculicola* (McCulloch)

参 考 文 献

黄炳荣, 1996. 福建省森林植物检疫对象疫情调查及检疫对策. 福建林业科技(1): 38-42.

李国平, 林盛, 张剑, 等, 2014. 武夷山市入侵植物的调查与分析. 热带作物学报(4): 794-800.

李建宇, 史梦竹, 傅建炜, 等, 2020. 福建省农田生态系统外来入侵植物种类及其分布. 热带亚热带植物学报, 28(6): 547-556.

李净, 赵娟娟, 陈珊珊, 等, 2017. 厦门市城市外来植物的种类构成. 生态环境学报(1): 20-26.

李振宇, 解焱, 2002. 中国的外来入侵种. 北京: 中国林业出版社.

梁月仁, 2017. 霞浦县本地植物与外来入侵物种现状及防控对策. 花卉(12): 119-121.

林时迟, 周乐峰, 1996. 我省美洲斑潜蝇发生危害与防治初报. 福建农业科技(6): 31-32.

林晓兰, 郑荔, 林志斌, 2006. 闽南棕榈科植物主要虫害防治. 福建热作科技(3): 18-19.

马茁, 姜春燕, 秦萌, 等, 2018. 全国农业植物检疫性昆虫的分布与扩散. 应用昆虫学报(1): 1-11.

邱俊英, 2009. 福州市园林害虫调查及三种新害虫的发生与防治. 福建: 福建农林大学.

史梦竹, 李建宇, 傅建炜, 等, 2020. 福州市公园外来入侵植物初步调查与分析. 生物安全学报, 29(3): 229-234.

万方浩, 郭建英, 张峰, 等, 2009. 中国生物入侵研究. 北京: 科学出版社.

万方浩, 刘全儒, 谢明, 等, 2012. 生物入侵: 中国外来入侵植物图谱. 北京: 科学出版社.

徐海根, 强胜, 2018. 中国外来入侵生物. 北京: 科学出版社.

严靖, 闫小玲, 马金双, 等, 2016. 中国外来入侵植物彩色图鉴. 上海: 上海科学技术出版社.